2024年版

給水装置工事主任技術者試験

厳選 過去問題集

給水装置試験問題研究会 編

電気書院

まえがき

　給水装置工事主任技術者試験の受験資格は、給水装置工事に関し 3 年以上の実務経験を有する者とされており、受験者の多くは日常の業務に従事しながら限られた時間の中で受験準備に取り組んでおられることと思います。

　本試験の出題範囲は多岐に及んでおり、幅広い給水装置に係る技術上の知識が要求されます。また、本試験の解答方法は四または五肢択一（マークシート方式）となっていますが、文章の読解力を試すような問題も出題されるようになってきています。

　近年は、給水装置である給水管や給水用具などに新しい機能や性能を備えた製品が汎用化されてきています。さらに令和 2 年度からは、令和元年 10 月に施行された平成 30 年改正水道法関連の問題が出題されるようになりました。

　このような状況のなかでも基本的な重要ポイントに主眼を置いた問題は毎年出題されており、今後も基礎的な知識の習得が必須であることに変わりはありません。

　そこで、多忙な受験者にも短時間で効率的に重要なポイントを理解していただけるよう、令和 6 年度試験に向けて厳選過去問題集を作りました。過去 5 年の試験問題全 300 問を項目別に出題傾向を整理したうえで、繰り返し形を変えて出題されている重要な問題 217 問を厳選し、簡潔でわかりやすい解説を加えています。要所に「*Important* **POINT**」を配置して関連事項にも注意を払っていただけるようにしました。

　さらに、各 Chapter 最後の「**まとめ　これだけは、必ず覚えよう！**」には、特に重要な事項をまとめ、容易に理解度をチェックしながら効率よく受験準備を進めることができるよう配慮しました。

　最新令和 5 年の 60 問はすべて掲載し、総仕上げにテスト形式でも取り組んでいただけます。

　なお、令和 6 年度以降水道行政（水道整備・管理）については、「厚生労働省」から「国土交通省」及び「環境省」に移管されますが、出題の傾向には影響ないと考えられますので申し添えます。

　本書が、給水装置工事主任技術者を目指す受験者の方々の合格に役立てば幸いです。

給水装置試験問題研究会

●語句の表記について

本書に掲載した過去問題は出題当時の表記のままとしていますが、解説の「Important **POINT**」や Chapter ごとの「まとめ」内の語句は最新の『給水装置工事技術指針 2020』（給水工事技術振興財団）に合わせた表記としています。

(例) 旧指針 → 新指針
ウォーターハンマ → ウォーターハンマー
さや管ヘッダ工法 → さや管ヘッダー工法

●各問題の星印について

本書に掲載した過去問題は、繰り返し形を変えて出題されています。どの問題も必ず解いていただきたいものですが、内容や出題傾向から重要度を判断し、各問題に星印をつけました。

 最も重要な問題。類似した問題がよく出題される。

★★ 重要な問題。類似した問題が時々出題される。

完全に同じ問題が出題されることはありませんが、問題を繰り返し解いて、反射的に答えが浮かぶようにしてください。

過去 10 年の受験者数と合格者数

実施年度	申込者数	受験者数	合格者数	合格率
平成 26 年度	15,378	13,313	3,588	27.0%
平成 27 年度	16,030	13,978	4,348	31,1%
平成 28 年度	16,716	14,459	4,875	33.7%
平成 29 年度	17,168	14,650	6,406	43.7%
平成 30 年度	15,739	13,434	5,066	37.7%
令和 元 年度	15,277	13,001	5,960	45.8%
令和 2 年度	13,418	11,238	4,889	43.5%
令和 3 年度	14,064	11,829	4,209	35.6%
令和 4 年度	14,052	12,058	3,742	31.0%
令和 5 年度	14,482	12,616	4,351	34.5%

INDEX

Chapter 7 　給水装置の概要 ————————————————— » 295

Chapter 8 　給水装置施工管理法 ———————————————— » 379

公衆衛生概論

■ 試験科目の主な内容

●水道水の汚染による公衆衛生問題に関する知識を有していること。
●水道の基本的な事柄に関する知識を有していること。
例　○消毒、逆流防止の重要性
　　○微量揮発性有機物の溶出による健康影響
　　○病原性大腸菌、原虫類の混入による感染症
　　○水質基準及び施行基準の概要

■ 過去5年の出題傾向と本書掲載問題数

Chapter 1 公衆衛生概論	本書掲載 問題数	過去5年出題数	2023年 [R5] 問題番号	2022年 [R4] 問題番号	2021年 [R3] 問題番号	2020年 [R2] 問題番号	2019年 [R1] 問題番号
1-1　水道事業等の定義	1	1		1			
1-2　水道施設	1	2	1		1		
1-3　水系感染症	1	1					3
1-4　水質基準	5	5		2	2　3	2	2
1-5　塩素消毒・浄水処理	3	4	2	3		3	1
1-6　水質汚染の化学物質	2	2	3			1	
計	13	15					

　　　　は本書掲載を示す

1-1 水道事業等の定義

1 水道法において定義されている水道事業等に関する次の記述のうち、**不適当**なものはどれか。

(1) 水道事業とは、一般の需要に応じて、水道により水を供給する事業をいう。ただし、給水人口が 100 人以下である水道によるものを除く。

(2) 簡易水道事業とは、水道事業のうち、給水人口が 5,000 人以下の事業をいう。

(3) 水道用水供給事業とは、水道により、水道事業者に対してその用水を供給する事業をいう。

(4) 簡易専用水道とは、水道事業の用に供する水道及び専用水道以外の水道であって、水道事業から受ける水のみを水源とするもので、水道事業からの水を受けるために設けられる水槽の有効容量の合計が100 ㎥以下のものを除く。

【R4・問題 1】

1 正解 (4)

(1) ○

(2) ○

(3) ○

(4) ×　　簡易専用水道は、「水道事業から水を受けるために設けられる水槽の有効容量の合計が **10 ㎥** 以下のものを除く。」とされている。
→水道法第3条（用語の定義）第3項

 Important **POINT**

☑**水道事業等の定義**

　この問題は形を変えて繰り返し出題されるため、水道法第3条（用語の定義）及び関連の水道法施行令の規程は必ずチェックする。

・**「水道」**とは、導管及びその他の工作物により、水を人の飲用に適する水として供給する施設の総体をいう。ただし、臨時に施設されたものを除く。

・**「水道事業」**とは、一般の需要に応じて水道により水を供給する事業をいう。ただし、給水人口が 100 人以下である水道によるものを除く。

・**「簡易水道事業」**とは、給水人口が 5,000 人以下である水道により、水を供給する水道事業をいう。

・**「水道用水供給事業」**とは、水道により、水道事業者に対してその用水を供給する事業をいう。

・**「専用水道」**とは、寄宿舎、社宅、療養所等における自家用の水道その他水道事業の用に供する水道以外の水道であって、100 人を超える者にその居住に必要な水を供給するもの、または、その水道施設の1日最大給水量 20 ㎥を超えるもの、のいずれかに該当するものをいう。

・**「簡易専用水道」**とは、水道事業の用に供する水道及び専用水道以外の水道であって、水道事業の用に供する水道から供給を受ける水のみを水源とするものをいう。ただし、その用に供する水道から水の供給を受けるために設けられる水槽（受水槽）の有効容量の合計が 10㎥以下のものを除く。

1-2　水道施設

2　水道施設とその機能に関する次の組み合わせのうち、**不適当なもの**はどれか。

(1)　導水施設・・・取水した原水を浄水場に導く。
(2)　貯水施設・・・処理が終わった浄水を貯留する。
(3)　取水施設・・・水道の水源から原水を取り入れる。
(4)　配水施設・・・一般の需要に応じ、必要な浄水を供給する。
(5)　浄水施設・・・原水を人の飲用に適する水に処理する。

【R5・問題 1】／類似【R3・問題 1】

1-3　水系感染症

3　平成 8 年 6 月埼玉県越生町において、水道水が直接の感染経路となる集団感染が発生し、約 8,800 人が下痢等の症状を訴えた。この主たる原因として、次のうち、**適当なもの**はどれか。

(1)　病原性大腸菌 O 157
(2)　赤痢菌
(3)　クリプトスポリジウム
(4)　ノロウイルス

【R1・問題 3】

解答・解説

2 正解 (2)

  (1) ○

  (2) × 貯水施設・・・**水道の原水**を貯留する。

  (3) ○

  (4) ○

  (5) ○

解答・解説

3 正解 (3)

  (1) ×

  (2) ×

  (3) ○

  (4) ×

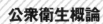

1-4　水質基準

4　水道水の水質基準に関する次の記述のうち、<u>不適当なもの</u>はどれか。

(1)　味や臭気は、水質基準項目に含まれている。

(2)　一般細菌の基準値は、「検出されないこと」とされている。

(3)　総トリハロメタンとともに、トリハロメタン類のうち4物質について各々基準値が定められている。

(4)　水質基準は、最新の科学的知見に照らして改正される。

【R4・問題2】

5　水道法第4条に規定する水質基準に関する次の記述のうち、<u>不適当なもの</u>は<u>どれか。</u>

(1)　外観は、ほとんど無色透明であること。

(2)　異常な酸性又はアルカリ性を呈しないこと。

(3)　消毒による臭味がないこと。

(4)　病原生物に汚染され、又は病原生物に汚染されたことを疑わせるような生物若しくは物質を含むものでないこと。

(5)　銅、鉄、弗素、フェノールその他の物質をその許容量をこえて含まないこと。

【R3・問題2】

4　正解　(2)

(1)　○　　水質基準に関する省令
(2)　×　　一般細菌の水質基準は「**1 mL の検水で形成される集落数が 100 以下**」とされている。「検出されないこと」は大腸菌である。
　　　　　→水質基準に関する省令
(3)　○　　水質基準に関する省令
(4)　○　　厚生科学審議会答申（平成 15 年 4 月）

5　正解　(3)

(1)　○
(2)　○
(3)　×　　異常な臭味がないこと。ただし、**消毒による臭味を除く。**
(4)　○
(5)　○

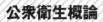

1-4　水質基準

6 水道の利水障害（日常生活での水利用への差し障り）に関する次の記述のうち、**不適当なもの**はどれか。

(1) 藻類が繁殖するとジェオスミンや2-メチルイソボルネオール等の有機物が産生され、これらが飲料水に混入すると着色の原因となる。

(2) 飲料水の味に関する物質として、塩化物イオン、ナトリウム等があり、これらの飲料水への混入は主に水道原水や工場排水等に由来する。

(3) 生活廃水や工場排水に由来する界面活性剤が飲料水に混入すると泡立ちにより、不快感をもたらすことがある。

(4) 利水障害の原因となる物質のうち、亜鉛、アルミニウム、鉄、銅は水道原水に由来するが、水道に用いられた薬品や資機材に由来することもある。

【R3・問題3】

6 　正解　(1)

(1)　×　　藻類が繁殖するとジェオスミンや2－メチルイソボルネオール等の
有機物が産生され、これらが飲料水に混入すると**異臭味**の原因となる。

(2)　○

(3)　○

(4)　○

1-4 水質基準

7 水道の利水障害（日常生活での水利用への差し障り）とその原因物質に関する次の組み合わせのうち、**不適当なもの**はどれか。

	利水障害	原因物質
(1)	泡だち	界面活性剤
(2)	味	亜鉛、塩素イオン
(3)	カビ臭	アルミニウム、フッ素
(4)	色	鉄、マンガン

【R2・問題 2】

7 　正解　(3)

(1)　○

(2)　○

(3)　×　　カビ臭の原因物質は、**ジェオスミン、2- メチルイソボルネオール（2-MIB）等**である。

(4)　○

Important *POINT*

☑**水道の利水障害の原因物質**

　界面活性剤（陰イオン界面活性剤、非イオン界面活性剤）は高濃度に含まれると発泡の原因となる。→設問(1)

　亜鉛は欠乏すると味覚障害につながる一方、高濃度に含まれると白濁の原因となる。塩素イオンは濃度が高すぎると塩素臭の原因となる。→設問(2)

　カビ臭の原因物質は、ジェオスミン、2- メチルイソボルネオール（2-MIB）等である。アルミニウムは浄水過程で使用するアルミニウム系凝集剤に由来した水に含まれることがあり、高濃度に含まれると白濁の原因となる。フッ素（重金属）はヒ素（無機物）とともに、水道水質の安全を確保するための項目（健康に関する項目）である。→設問(3)

　鉄は鉄製の水道管由来の水から検出されることがあり、高濃度に含まれると異臭味（カナ気や苦味）、洗濯物等の着色の原因となる。マンガンは消毒用の塩素で酸化されると黒色を呈することがある。→設問(4)

　なお、銅も高濃度に含まれると洗濯物や水道施設を着色する原因となる。

1-4 水質基準

8　水道法第4条に規定する水質基準に関する次の記述の正誤の組み合わせのうち、適当なものはどれか。

ア　病原生物をその許容量を超えて含まないこと。
イ　シアン、水銀その他の有毒物質を含まないこと。
ウ　消毒による臭味がないこと。
エ　外観は、ほとんど無色透明であること。

	ア	イ	ウ	エ
(1)	正	誤	正	誤
(2)	誤	正	誤	正
(3)	正	誤	誤	正
(4)	誤	正	正	誤

【R1・問題2】

8   正解（2）

ア　誤　　水道法第4条では、「**病原生物に汚染され、又は病原生物に汚染されたことを疑わせるような生物若しくは物質を含むものでないこと。**」とされている。

イ　正

ウ　誤　　水道法第4条では、「**異常な臭味がないこと。ただし、消毒による臭味を除く。**」とされている。

エ　正

 Important **POINT**

☑**水道法第4条（水質基準）の水道により供給される水の要件**

①病原生物に汚染され、又は病原生物に汚染されたことを疑わせるような生物若しくは物質を含むものでないこと。

②シアン、水銀その他の有毒物質を含まないこと。

③銅、鉄、弗素、フェノールその他の物質をその許容量をこえて含まないこと。

④異常な酸性又はアルカリ性を呈しないこと。

⑤異常な臭味がないこと。ただし、消毒による臭味を除く。

⑥外観は、ほとんど無色透明であること。

1-5 塩素消毒・浄水処理

9 水道の塩素消毒に関する次の記述のうち、<u>不適当なもの</u>はどれか。

(1) 塩素系消毒剤として使用されている次亜塩素酸ナトリウムは、光や温度の影響を受けて徐々に分解し、有効塩素濃度が低下する。

(2) 残留塩素とは、消毒効果のある有効塩素が水中の微生物を殺菌消毒したり、有機物を酸化分解した後も水中に残留している塩素のことである。

(3) 残留塩素濃度の測定方法の一つとして、ジエチル–p–フェニレンジアミン（DPD）と反応して生じる桃～桃赤色を標準比色液と比較して測定する方法がある。

(4) 給水栓における水は、遊離残留塩素が 0.4 mg/L 以上又は結合残留塩素が 0.1 mg/L 以上を保持していなくてはならない。

(5) 残留効果は、遊離残留塩素より結合残留塩素の方が持続する。

【R5・問題2】／類似【R2・問題3】

10 塩素消毒及び残留塩素に関する次の記述のうち、<u>不適当なもの</u>はどれか。

(1) 残留塩素には遊離残留塩素と結合残留塩素がある。消毒効果は結合残留塩素の方が強く、残留効果は遊離残留塩素の方が持続する。

(2) 遊離残留塩素には、次亜塩素酸と次亜塩素酸イオンがある。

(3) 水道水質基準に適合した水道水では、遊離残留塩素のうち、次亜塩素酸の存在比が高いほど、消毒効果が高い。

(4) 一般に水道で使用されている塩素系消毒剤としては、次亜塩素酸ナトリウム、液化塩素（液体塩素）、次亜塩素酸カルシウム（高度さらし粉を含む）がある。

【R4・問題3】

9 正解 (4)

(1) ○

(2) ○

(3) ○

(4) × 給水栓における水は、遊離残留塩素が **0.1 ㎎/L** 以上又は結合残留
塩素が **0.4 ㎎/L** 以上を保持していなくてはならない。
→水道法施行規則第17条（衛生上必要な措置）

(5) ○

10 正解 (1)

(1) × 消毒効果は**遊離**残留塩素の方が強く、残留効果は**結合**残留塩素の方が
持続する。

(2) ○

(3) ○

(4) ○

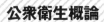

1-5 塩素消毒・浄水処理

11 消毒及び残留塩素に関する次の記述のうち、<u>不適当なもの</u>はどれか。

(1) 水道水中の残留塩素濃度の保持は、衛生上の措置（水道法第22条、水道法施行規則第17条）において規定されている。

(2) 給水栓における水は、遊離残留塩素 0.1 mg/L以上（結合残留塩素の場合は 0.4 mg/L以上）を含まなければならない。

(3) 水道の消毒剤として、次亜塩素酸ナトリウムのほか、液化塩素や次亜塩素酸カルシウムが使用されている。

(4) 残留塩素濃度の簡易測定法として、ジエチル-p-フェニレンジアミン(DPD)と反応して生じる青色を標準比色液と比較する方法がある。

【R1・問題 1】

11 正解 （4）

(1) ○

(2) ○

(3) ○

(4) × 残留塩素濃度の簡易測定法として、ジエチル -p- フェニレンジアミン（DPD）と反応して生じる**桃色**を標準比色液と比較する方法がある。

Important *POINT*

☑ **塩素消毒と法的義務付け**

・水道法第22条では、**衛生上の措置として消毒を行うこと**とされている。

・水道法施行規則第17条では、給水栓における水は**遊離残留塩素 0.1mg /L（結合残留塩素の場合は 0.4mg /L）以上**、また汚染時等の場合は遊離残留塩素 0.2 mg /L（結合残留塩素の場合は 1.5 mg /L）以上とされている。

☑ **消毒剤として使用される主たる塩素化合物**

液化塩素、次亜塩素酸ナトリウム及び次亜塩素酸カルシウムがある。

☑ **遊離残留塩素と結合残留塩素**

殺菌効果は遊離残留塩素の方が強く、残留効果は結合残留塩素の方が持続する。

1-6 水質汚染の化学物質

12 水道において汚染が起こりうる可能性がある化学物質に関する次の記述のうち、**不適当なものはどれか。**

(1) 硝酸態窒素及び亜硝酸態窒素は、窒素肥料、腐敗した動植物、家庭排水、下水等に由来する。乳幼児が経口摂取することで、急性影響としてメトヘモグロビン血症によるチアノーゼを引き起こす。

(2) 水銀の飲料水への混入は工場排水、農薬、下水等に由来する。メチル水銀等の有機水銀の毒性は極めて強く、富山県の神通川流域に多発したイタイイタイ病は、メチル水銀が主な原因とされる。

(3) ヒ素の飲料水への混入は地質、鉱山排水、工場排水等に由来する。海外では、飲料用の地下水や河川水がヒ素に汚染されたことによる慢性中毒症が報告されている。

(4) 鉛の飲料水への混入は工場排水、鉱山排水等に由来することもあるが、水道水では鉛製の給水管からの溶出によることが多い。特に、pH値やアルカリ度が低い水に溶出しやすい。

【R5・問題3】

13 化学物質の飲料水への汚染原因と影響に関する次の記述のうち、**不適当なものはどれか。**

(1) 水道原水中の有機物と浄水場で注入される凝集剤とが反応し、浄水処理や給配水の過程で、発がん性物質として疑われるトリハロメタン類が生成する。

(2) ヒ素の飲料水への汚染は、地質、鉱山排水、工場排水等に由来する。海外では、飲料用の地下水や河川水がヒ素に汚染されたことによる、慢性中毒症が報告されている。

(3) 鉛製の給水管を使用すると、鉛はpH値やアルカリ度が低い水に溶出しやすく、体内への蓄積により毒性を示す。

(4) 硝酸態窒素及び亜硝酸態窒素は、窒素肥料、家庭排水、下水等に由来する。乳幼児が経口摂取することで、急性影響としてメトヘモグロビン血症によるチアノーゼを引き起こす。

【R2・問題1】

12 正解 (2)

(1) ○

(2) × 　水銀の飲料水への混入は工場排水、農薬、下水等に由来する。メチル水銀等の有機水銀の毒性は極めて強く、富山県の神通川流域に多発したイタイイタイ病は、**カドミウム**が主な原因とされる。

(3) ○

(4) ○

13 正解 (1)

(1) × 　水道原水中の有機物と浄水場で注入される**塩素剤**とが反応し、浄水処理や給配水の過程で、発がん性物質として疑われるトリハロメタン類が生成する。

(2) ○

(3) ○

(4) ○

まとめ

これだけは、必ず覚えよう！

1．水道の基礎

(1) 公衆衛生の定義

最もよく知られているのは、アメリカの公衆衛生学者ウインスロー（1877～1957）の定義。「公衆衛生とは、地域社会の努力によって病気を予防し、寿命の延長を図り、肉体的、精神的能力の増進を図るための科学であり、技術である」

(2) 水道の役割

水道は国民の健康で文化的な生活を守るうえで最も基本的なものであり、現在では都市形態や生活様式の変化に伴い衛生上の安全性の確保にとどまらず、日常生活における生活用水の確保や産業活動の維持発展のための基幹的な施設として重要な役割を果たしている。水道の全国普及率は、98.2％（2021年度末）。

(3) 水道施設の概要

①**貯水施設**……水道の原水を貯留するためのダム等の貯水池、原水調整池等の施設及びそれらの付属設備で構成される。

②**取水施設**……水道の水源である河川・湖沼・地下水等から水道の原水を取り入れるための施設で、河川水の場合は取水堰・取水塔等を設けて、河川の流量変動にも安定して取水できる構造とする。地下水の場合は浅井戸・深井戸により集水しポンプにより揚水する構造が一般的である。

③**導水施設**……取水施設で取り入れた水を浄水施設へ導くための施設で、導水管・導水路・導水ポンプ等の設備及びそれらの付属設備で構成される。導水方法には、自然流下とポンプアップの方式がある。

④**浄水施設**……原水を人の飲用に適する水として供給できるように浄化処理するための設備で、通常は凝集・沈殿・ろ過・消毒のプロセスで構成される。ろ過には急速ろ過・緩速ろ過・膜ろ過等がある。水源水質が悪化している地域においては、異臭味物質の除去やトリハロメタン等の低減を目的に、オゾン・活性炭処理等を付加した高度浄水処理を行う。

⑤**送水施設**……浄水場で浄水処理された浄水を配水施設に送るための送水管・送水ポンプ等の設備及びその付属設備で構成される。

⑥**配水施設**……一般の需要に応じ必要な水を供給するための配水池、配水管及び配水ポンプ等の設備で構成される。配水方式には、配水池の位置エネルギーを

利用して給水する自然流下方式とポンプアップによる圧送方式がある。

⑦**給水装置**……水道事業者の設置した配水管から分岐して設けられた給水管及び
これに直結して取り付けられる止水栓・水道メーター・給水栓等の給水用具に
よって構成されており、配水管と直接つながっている設備である。その設置は
需要者の負担が原則であり、日常の管理責任も需要者にある。

2．水道水の汚染

(1) 水系感染症と病原体

①**病原細菌感染症**……赤痢菌、腸チフス菌、コレラ菌、病原性大腸菌 O157、レ
ジオネラ属菌等

②**病原ウイルス感染症**……流行性肝炎ウイルス、伝染性下痢症ウイルス等

③**寄生虫感染症**……クリプトスポリジウム、アメーバ赤痢等

(2) 最近の水系感染症

①**病原性大腸菌 O157**……ベロ毒素と呼ばれる強い病原毒素が神経を侵し、赤
血球を溶かして血小板を破壊するため、出血が止まらなくなり、腎不全を起こ
したり腸粘膜を傷つけ血便・下痢が続く。水道においては、残留塩素の確保が
有効である。

②**レジオネラ属菌**……土壌や地下水、河川水等自然界に広く存在し、感染力は弱
いが、免疫力の低下している人がこの水の飛沫を吸入した場合、肺炎様の日和
見感染症を起こす。空調用の冷却水や循環式の浴槽などで増殖しやすい。熱に
弱く、55 ℃以上で死滅することが確認されている。水道においては、残留塩
素の確保が有効である。

③**クリプトスポリジウム**……下痢症を引き起こす原虫で、水や食物のなかでは殻
で覆われたオーシストの形で存在する。オーシストの殻は塩素消毒に抵抗性を
示し、一般の浄水場の塩素消毒では不活化できないが、加熱、冷凍、乾燥には
弱く、沸騰水では1分以上で死滅、60 ℃以上か− 20 ℃以下で30分、常温で
1〜4日間の乾燥で感染力を失う。

(3) 化学物質による汚染

①**トリハロメタン類**……水道原水中に含まれる天然由来の有機化合物（フミン質）

と浄水工程で注入される塩素が反応して生成される。クロロホルム、ブロモジクロロメタン、ジブロモクロロメタン、ブロモホルムの4種類が水道水から検出され、クロロホルムが最も高濃度で検出される。発がん性が指摘されている。

②**ハイテク汚染物質**（トリクロロエチレン、テトラクロロエチレン）……トリハロメタン類と同じ有機塩素化合物であるが、クリーニングや電子部品の洗浄に利用されており、その廃液で地下水が汚染されることが多い。頭痛、中枢神経の機能低下等の影響があり、マウスでの発がんの報告がある。

③**農薬**……ゴルフ場で使用されているチウラム、シマジンや一般に使用されているチオベンカルブ、1,3 – ジクロロプロペン等の農薬は、水質基準等の項目のうち水質管理目標設定項目で農薬類に一括して定められている。

④**臭気物質**……ジェオスミン、2 – メチルイソボルネオール等が水道水のカビ臭の原因となっている。湖沼等の富栄養化によって藻類が繁殖し、この藻類から臭気物質が産生される。

⑤**鉛**……給水管からの溶出が原因とされる。pHの低い水ほど溶出しやすい。貧血、消化管の障害、神経系の障害、腎臓障害等の影響がある。

3．水質基準

　水道により供給される水（水道に直結された給水栓までの水を含む）は、水質基準を満たさなくてはならないとされている。（水道法第4条）

(1) 水質基準項目：51項目（水質基準に関する省令）

　地域、水源の種別又は浄水方法により、人の健康の保護又は生活上の支障を生じるおそれのある項目について基準値が設定されている。すべての水道事業者等に水質検査を義務づける項目は基本的なものに限り、その他の項目については地域性・効率性を踏まえた水質基準の柔軟な運用の一環として、各水道事業者等が原水や浄水の水質に関する状況に応じて、合理的な範囲で検査の回数を減じる又は省略できる。

　なお、「味」に関する項目として、ナトリウム及びその化合物、塩化物イオン、カルシウム・マグネシウム等（硬度）、蒸発残留物について基準値が定められている。

　また、一般細菌は、「1mLの検水で形成される集落数が100以下であること」とされているが、大腸菌は「検出されないこと」となっている。

(2) 水質管理目標設定項目：27項目（農薬類114物質1項目を含む）

　浄水中で一定の検出の実績はあるが、毒性の評価が暫定的であるため水質基準とされなかったもの、又は、現在まで浄水中では水質基準とする必要があるよう

な濃度で検出されていないが、今後、当該濃度を超えて浄水中に検出される可能性があるもの等、水道水質管理上留意すべきものが設定されている。なお、農薬については、検出指標値が1を超えないこととする「総農薬方式」により水質管理目標設定項目に位置づけられている。

(3) 要検討項目：46項目

毒性評価が定まらない、水道水中での検出実態が明らかでない等、水質基準又は水質管理目標設定項目に位置づけることができなかった項目で、今後必要な情報・知見の収集に努めていくべき項目が設定されている。

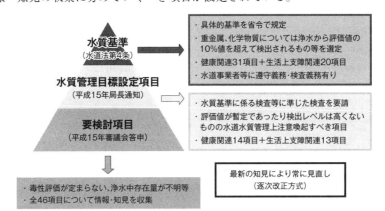

出典：厚生労働省ホームページ「水道水質基準について」

4．塩素消毒による衛生対策

水道法第22条では、衛生上の措置として消毒を行うこと、施行規則第17条では給水栓における水が遊離残留塩素 0.1mg/L（結合残留塩素の場合は、0.4 mg/L）以上、また汚染時等の場合は遊離残留塩素 0.2 mg/L（結合残留塩素の場合は、1.5 mg/L）以上保持するよう塩素消毒が昭和32年（1957年）に義務づけられた。

(1) 消毒に使用する塩素剤

一般に使用される塩素剤は、次の3種類である。
①**液化塩素**……塩素ガスを高圧で液化し、高圧ボンベ等に充填したもので毒性が強い。有効塩素注入量当たりの消毒効果は次亜塩素酸ナトリウムより高い。高圧ガス関係の法律の規制を受ける。
②**次亜塩素酸ナトリウム**……塩素ガスを水酸化ナトリウムに吹き込んだもので、液化塩素と比較して取り扱いが容易。近年は液化塩素から次亜塩素酸ナトリウ

ムに塩素剤を変更する水道事業者が多い。光や温度の影響を受けて有効塩素濃度が低下する。

③**次亜塩素酸カルシウム（高度さらし粉）**……消石灰に塩素を吸収させて製造される。粉末・顆粒及び錠剤があり、有効塩素濃度は 60% 以上で保存性がよい。

(2) 残留塩素

消毒効果のある有効塩素が水中の微生物を殺菌消毒したり、有機物を酸化分解した後に水中に残留している塩素のこと。次の 2 種類がある。

①**遊離残留塩素**……塩素が水と反応して、次亜塩素酸（HClO）などの形で残留する遊離有効塩素をいい、強い酸化力で微生物やウイルスなど病原生物の細胞膜や細胞壁を破壊し、内部のたんぱく質や核酸を変性させることで殺菌または消毒の効果を発揮する。

②**結合残留塩素**……塩素が水中のアンモニア態窒素やアミン類と結合して生じるクロラミン（NH_2Cl、$NHCl_2$、NCl_2）の形で残留する結合有効塩素をいい、殺菌力は弱いが水中に溶存する時間が長く、消毒効果を持続するため残留効果が大きい。

(3) 残留塩素の測定方法：DPD法

残留塩素がジエチル –p– フェニレンジアミン（DPD）と反応して生じる淡い桃色～濃い桃色を標準比色液と比較して残留塩素を測定する方法。

5．水道の起源と歴史

(1) 開国とコレラの流行

安政元年（1854 年）、ペリーが 2 度目の来航の折、日米和親条約が調印され、下田、函館が開港。我が国は鎖国時代から開国の時代を迎え、開国によって西洋文化だけでなく、東南アジアで流行していたコレラ（もともと日本ではみられない疫病）が日本に持ち込まれ流行が繰り返された。海外から侵入したものではないが、赤痢、腸チフスも多くの患者が発生していた。いずれも不衛生な飲み水に起因する水系感染症だった。

(2) 近代水道の敷設

我が国の近代水道の第 1 号となったのは、明治 20 年（1887 年）に給水を開始した横浜水道であった。次いで、函館が明治 22 年（1889 年）、長崎が明治 24 年（1891 年）の順で敷設された。

Chapter 2

水道行政

■ 試験科目の主な内容

●水道行政に関する知識を有していること。
●給水装置工事に必要な法令及び供給規程に関する知識を有していること。
例　○水道法（給水装置関係等）
　　○供給規程の位置づけ
　　○指定給水装置工事事業者制度の意義
　　○指定給水装置工事事業者制度の内容
　　○指定給水装置工事事業者の責務

■ 過去5年の出題傾向と本書掲載問題数

Chapter 2 水道行政	本書掲載問題数	過去5年出題数	2023年[R5]問題番号	2022年[R4]問題番号	2021年[R3]問題番号	2020年[R2]問題番号	2019年[R1]問題番号
2-1 水道法の目的・用語の定義	8	8	7　9※	7※　9※	6　8	6※	9
2-2 供給規程	2	2		8		8	
2-3 給水義務・給水停止	3	3	8			9	8
2-4 給水装置・給水装置工事	2	2	6				5
2-5 指定給水装置工事事業者制度	3	4		6※	5※	7※	7
2-6 主任技術者の職務等	2	2			7		6
2-7 水質管理と水質検査等	4	4	4	4	4	4	
2-8 水道事業者の業務	1	1			9※		
2-9 簡易専用水道の管理基準	4	4	5	5		5	4
計	29	30					

※はH30水道法改正関連を示す　　　　は本書掲載を示す

2-1　水道法の目的・用語の定義

1　水道法に規定する水道事業等の認可に関する次の記述の正誤の組み合わせのうち、**適当なものはどれか**。

ア　認可制度によって、複数の水道事業者の給水区域が重複することによる不合理・不経済が回避され、国民の利益が保護されることになる。
イ　水道事業を経営しようとする者は、厚生労働大臣又は都道府県知事の認可を受けなければならない。
ウ　専用水道を経営しようとする者は、市町村長の認可を受けなければならない。
エ　水道事業を経営しようとする者は、認可後ただちに当該水道事業が一般の需要に適合していることを証明しなければならない。

	ア	イ	ウ	エ
(1)	正	正	誤	誤
(2)	誤	正	正	誤
(3)	誤	誤	正	正
(4)	正	誤	正	誤
(5)	誤	正	誤	正

【R5・問題7】

2　水道法第19条に規定する水道技術管理者の従事する事務に関する次の記述のうち、**不適当なものはどれか**。

(1)　水道施設が水道法第5条の規定による施設基準に適合しているかどうかの検査に関する事務
(2)　水道により供給される水の水質検査に関する事務
(3)　配水施設を含む水道施設を新設し、増設し、又は改造した場合における、使用開始前の水質検査及び施設検査に関する事務
(4)　水道施設の台帳の作成に関する事務
(5)　給水装置の構造及び材質の基準に適合しているかどうかの検査に関する事務

【R5・問題9】
H30 水道法改正関連

1 　正解　(1)

ア　正

イ　正

ウ　誤　　専用水道の**布設工事**をしようとする者は、**都道府県知事の確認**を受けなければならない。

→水道法第 32 条（専用水道の確認）

エ　誤　　水道事業を経営しようとする者は、**厚生労働大臣（※）の認可を受けなければならない。**

→水道法第 6 条（事業の認可及び経営主体）

（※）R 6 年度の水道行政移管に伴い、「厚生労働大臣」は「国土交通大臣」に改正。

2 　正解　(3)

(1)　○　水道法第 19 条（水道技術管理者）第 2 項第一号

(2)　○　水道法第 19 条（水道技術管理者）第 2 項第二号

(3)　×　配水施設**以外の**水道施設**又は配水池**を新設し、増設し、又は改造した場合における、使用開始前の水質検査及び施設検査に関する事務

→水道法第 13 条（給水開始前の届出及び検査）

(4)　○　水道法第 19 条（水道技術管理者）第 2 項第七号

(5)　○　水道法第 19 条（水道技術管理者）第 2 項第三号

2-1 水道法の目的・用語の定義

3 水道法に関する次の記述の正誤の組み合わせのうち、<u>適当なもの</u>はどれか。

ア　国、都道府県及び市町村は水道の基盤の強化に関する施策を策定し、推進又は実施するよう努めなければならない。

イ　国は広域連携の推進を含む水道の基盤を強化するための基本方針を定め、都道府県は基本方針に基づき、水道基盤強化計画を定めなければならない。

ウ　水道事業者等は、水道施設を適切に管理するための水道施設台帳を作成し、保管しなければならない。

エ　指定給水装置工事事業者の5年ごとの更新制度が導入されたことに伴って、給水装置工事主任技術者も5年ごとに更新を受けなければならない。

	ア	イ	ウ	エ
(1)	正	誤	誤	正
(2)	正	正	誤	誤
(3)	誤	誤	正	正
(4)	正	誤	正	誤
(5)	誤	正	誤	正

【R4・問題7】
H30 水道法改正関連

4 水道施設運営権に関する次の記述のうち、<u>不適当なもの</u>はどれか。

(1)　地方公共団体である水道事業者は、民間資金等の活用による公共施設等の整備等の促進に関する法律（以下本問においては「民間資金法」という。）の規定により、水道施設運営等事業に係る公共施設等運営権を設定しようとするときは、あらかじめ、都道府県知事の許可を受けなければならない。

(2)　水道施設運営等事業は、地方公共団体である水道事業者が民間資金法の規定により水道施設運営権を設定した場合に限り、実施することができる。

(3)　水道施設運営権を有する者が、水道施設運営等事業を実施する場合には、水道事業経営の認可を受けることを要しない。

(4)　水道施設運営権を有する者は、水道施設運営等事業について技術上の業務を担当させるため、水道施設運営等事業技術管理者を置かなければならない。

【R4・問題9】
H30 水道法改正関連

3 **正解** (4)

ア　正　　水道法第2条の2（責務）

イ　誤　　国は広域連携の推進を含む水道の基盤を強化するための基本方針
を定め、都道府県は基本方針に基づき、水道基盤強化計画を**定めるこ
とができる。**

ウ　正　　水道法第22条の3（水道施設台帳）

エ　誤　　指定給水装置工事事業者の指定は5年ごとの更新を受けなければな
らない。

　　　　→水道法第25条の3の2（指定の更新）

　　　　給水装置工事主任技術者免状は更新する必要がない。

4 **正解** (1)

(1)　×　　水道施設運営等事業に係る公共施設等運営権を設定しようとする
ときは、あらかじめ、**厚生労働大臣**(※)の許可を受けなければならな
い。

　　　　→水道法第24条の4（水道施設運営権の設定の許可）第1項

(2)　○　　水道法第24条の4（水道施設運営権の設定の許可）第2項

(3)　○　　水道法第24条の4（水道施設運営権の設定の許可）第3項

(4)　○　　水道法第24条の7（水道施設運営等事業技術管理者）第1項

(※)R6年度の水道行政移管に伴い、「厚生労働大臣」は「国土交通大臣」に改正。

2-1 水道法の目的・用語の定義

5 水道法に規定する水道事業等の認可に関する次の記述の正誤の組み合わせのうち、**適当なもの**はどれか。

ア　水道法では、水道事業者を保護育成すると同時に需要者の利益を保護するために、水道事業者を監督する仕組みとして、認可制度をとっている。

イ　水道事業を経営しようとする者は、市町村長の認可を受けなければならない。

ウ　水道事業経営の認可制度によって、複数の水道事業者の給水区域が重複することによる不合理・不経済が回避される。

エ　専用水道を経営しようとする者は、市町村長の認可を受けなければならない。

```
      ア   イ   ウ   エ
(1)   正   正   正   正
(2)   正   誤   正   誤
(3)   誤   正   誤   正
(4)   正   誤   正   正
(5)   誤   正   誤   誤
```

【R3・問題6】

6 水道法第19条に規定する水道技術管理者の事務に関する次の記述のうち、**不適当なもの**はどれか。

(1)　水道施設が水道法第5条の規定による施設基準に適合しているかどうかの検査に関する事務に従事する。

(2)　配水施設以外の水道施設又は配水池を新設し、増設し、又は改造した場合における、使用開始前の水質検査及び施設検査に関する事務に従事する。

(3)　水道により供給される水の水質検査に関する事務に従事する。

(4)　水道事業の予算・決算台帳の作成に関する事務に従事する。

(5)　給水装置が水道法第16条の規定に基づき定められた構造及び材質の基準に適合しているかどうかの検査に関する事務に従事する。

【R3・問題8】

5　正解　(2)

ア　正

イ　誤　　水道事業を経営しようとする者は、**厚生労働大臣**(※)の認可を受けなければならない。→水道法第 6 条（事業の認可及び経営主体）

ウ　正

エ　誤　　専用水道の**布設工事**をしようとする者は、**都道府県知事の確認**を受けなければならない。→水道法第 32 条（専用水道の確認）

（※）R 6 年度の水道行政移管に伴い、「厚生労働大臣」は「国土交通大臣」に改正。

6　正解　(4)

(1)　○　　水道法第 19 条（水道技術管理者）第 2 項第一号

(2)　○　　水道法第 19 条（水道技術管理者）第 2 項第二号

(3)　○　　水道法第 19 条（水道技術管理者）第 2 項第四号

(4)　×

(5)　○　　水道法第 19 条（水道技術管理者）第 2 項第三号

2-1 水道法の目的・用語の定義

7 平成 30 年に一部改正された水道法に関する次の記述のうち、**不適当なもの
はどれか。**

(1) 国、都道府県及び市町村は水道の基盤の強化に関する施策を策定し、推進
又は実施するよう努めなければならない。
(2) 国は広域連携の推進を含む水道の基盤を強化するための基本方針を定め、
都道府県は基本方針に基づき、関係市町村及び水道事業者等の同意を得て、
水道基盤強化計画を定めることができる。
(3) 水道事業者は、水道施設を適切に管理するための水道施設台帳を作成、保
管しなければならない。
(4) 指定給水装置工事事業者の 5 年更新制度が導入されたことに伴って、その
指定給水装置工事事業者が選任する給水装置工事主任技術者も 5 年ごとに更
新を受けなければならない。

【R2・問題 6】
H30 水道法改正関連

8 水道法に規定する水道事業等の認可に関する次の記述の正誤の組み合わせの
うち、**適当なものはどれか。**

ア 水道法では、水道事業者を保護育成すると同時に需要者の利益を保護する
ために、水道事業者を監督する仕組みとして、認可制度をとっている。
イ 水道事業経営の認可制度によって、複数の水道事業者の給水区域が重複す
ることによる不合理・不経済が回避される。
ウ 水道事業を経営しようとする者は、市町村長の認可を受けなければならな
い。
エ 水道用水供給事業者については、給水区域の概念はないので認可制度を
とっていない。

	ア	イ	ウ	エ
(1)	正	正	誤	誤
(2)	誤	誤	正	正
(3)	正	誤	正	誤
(4)	誤	正	誤	正

【R1・問題 9】

7　正解　(4)

(1)　○　　水道法第 2 条の 2（責務）

(2)　○　　水道法第 5 条の 3（水道基盤強化計画）

(3)　○　　水道法第 22 条の 3（水道施設台帳）

(4)　×　　平成 30 年改正の水道法では、指定給水装置工事事業者の 5 年更新
制度が導入されたが、**指定給水装置工事事業者が選任する給水装置工
事主任技術者の 5 年ごとの更新の規程はない**。
→水道法第 25 条の 3 の 2（指定の更新）

8　正解　(1)

ア　正

イ　正

ウ　誤　　水道事業を経営しようとする者は、**厚生労働大臣**(※)の認可を受け
なければならない。→水道法第 6 条（事業の認可及び経営主体）

エ　誤　　水道用水供給事業者については、給水区域の概念はないが、**水道用
水供給事業を経営しようとする者は、厚生労働大臣**(※)**の認可を受け
なければならない**。→水道法第 26 条（事業の認可）

(※)R 6 年度の水道行政移管に伴い、「厚生労働大臣」は「国土交通大臣」に改正。

2-2　供給規程

9 　水道法第14条の供給規程が満たすべき要件に関する次の記述のうち、<u>不適当なもの</u>はどれか。

(1)　水道事業者及び指定給水装置工事事業者の責任に関する事項並びに給水装置工事の費用の負担区分及びその額の算出方法が、適正かつ明確に定められていること。

(2)　料金が、能率的な経営の下における適正な原価に照らし、健全な経営を確保することができる公正妥当なものであること。

(3)　特定の者に対して不当な差別的取扱いをするものでないこと。

(4)　貯水槽水道が設置される場合においては、貯水槽水道に関し、水道事業者及び当該貯水槽水道の設置者の責任に関する事項が、適正かつ明確に定められていること。

【R4・問題8】

10 　水道法第14条の供給規程に関する次の記述の正誤の組み合わせのうち、<u>適当なもの</u>はどれか。

ア　水道事業者は、料金、給水装置工事の費用の負担区分その他の供給条件について、供給規程を定めなければならない。

イ　水道事業者は、供給規程を、その実施の日以降に速やかに一般に周知させる措置をとらなければならない。

ウ　供給規程は、特定の者に対して不当な差別的取扱いをするものであってはならない。

エ　専用水道が設置される場合においては、専用水道に関し、水道事業者及び当該専用水道の設置者の責任に関する事項が、供給規程に適正、かつ、明確に定められている必要がある。

	ア	イ	ウ	エ
(1)	正	正	誤	誤
(2)	誤	正	正	誤
(3)	正	誤	正	正
(4)	誤	正	誤	正
(5)	正	誤	正	誤

【R2・問題8】

9　正解　(1)

(1)　×　　水道事業者及び**水道の需要者**の責任に関する事項並びに給水装置工事の費用の負担区分及びその額の算出方法が、適正かつ明確に定められていること。

　　　　　→水道法第14条（供給規程）第2項第三号

(2)　○　　水道法第14条（供給規程）第2項第一号

(3)　○　　水道法第14条（供給規程）第2項第四号

(4)　○　　水道法第14条（供給規程）第2項第五号

10　正解　(5)

ア　正　　水道法第14条（供給規程）第1項

イ　誤　　水道事業者は、供給規程を、その**実施の日までに**一般に周知させる措置をとらなければならない。→水道法第14条（供給規程）第4項

ウ　正　　水道法第14条（供給規程）第2項第四号

エ　誤　　**貯水槽水道**が設置される場合においては、**貯水槽水道**に関し、水道事業者及び当該**貯水槽水道**の設置者の責任に関する事項が、適正かつ明確に定められていること。→水道法第14条（供給規程）第2項第五号

2-3　給水義務・給水停止

11　水道法第15条の給水義務に関する次の記述のうち、**不適当なもの**はどれか。

(1)　水道事業者は、当該水道により給水を受ける者が正当な理由なしに給水装置の検査を拒んだときは、供給規程の定めるところにより、その者に対する給水を停止することができる。

(2)　水道事業者の給水区域内に居住する需要者であっても、希望すればその水道事業者以外の水道事業者から水道水の供給を受けることができる。

(3)　水道事業者は、正当な理由があってやむを得ない場合には、給水区域の全部又は一部につきその間給水を停止することができる。

(4)　水道事業者は、事業計画に定める給水区域内の需要者から給水契約の申し込みを受けたときは、正当な理由がなければ、これを拒んではならない。

(5)　水道事業者は、当該水道により給水を受ける者が料金を支払わないときは、供給規程の定めるところにより、その者に対する給水を停止することができる。

【R5・問題8】

11 正解 (2)

(1) ○ 水道法第 15 条（給水義務）第 3 項

(2) × 水道事業経営の認可は、給水区域が他の水道事業の給水区域と重複しないこととされており、水道事業者の給水区域内に居住する**需要者が希望しても**その水道事業者以外の水道事業者から**水道水の供給を受けることはできない**。

→水道法第 8 条（認可基準）第 1 項第四号

(3) ○ 水道法第 15 条（給水義務）第 2 項

(4) ○ 水道法第 15 条（給水義務）第 1 項

(5) ○ 水道法第 15 条（給水義務）第 3 項

2-3 給水義務・給水停止

12 水道法第15条の給水義務に関する次の記述の正誤の組み合わせのうち、適当なものはどれか。

ア 水道事業者は、当該水道により給水を受ける者が正当な理由なしに給水装置の検査を拒んだときには、供給規程の定めるところにより、その者に対する給水を停止することができる。

イ 水道事業者は、災害その他正当な理由があってやむを得ない場合には、給水区域の全部又は一部につきその間給水を停止することができる。

ウ 水道事業者は、事業計画に定める給水区域外の需要者から給水契約の申込みを受けたとしても、これを拒んではならない。

エ 水道事業者は、給水区域内であっても配水管が未布設である地区からの給水の申込みがあった場合、配水管が布設されるまでの期間の給水契約の拒否等、正当な理由がなければ、給水契約を拒むことはできない。

	ア	イ	ウ	エ
(1)	誤	正	正	誤
(2)	正	正	誤	正
(3)	正	誤	誤	正
(4)	誤	正	誤	正
(5)	正	誤	正	誤

【R2・問題9】

12　　正解　(2)

　ア　正　　水道法第15条（給水義務）第3項

　イ　正　　水道法第15条（給水義務）第2項

　ウ　誤　　水道事業者は、事業計画に定める**給水区域内**の需要者から給水契約
　　　　　　の申込みを受けたときは、**正当の理由がなければ**、これを拒んではな
　　　　　　らない。→水道法第15条（給水義務）第1項

　エ　正　　水道法第15条（給水義務）第1項

2-3　給水義務・給水停止

13　水道法第 15 条の給水義務に関する次の記述のうち、**不適当なもの**はどれか。

⑴　水道事業者は、当該水道により給水を受ける者に対し、災害その他正当な理由がありやむを得ない場合を除き、常時給水を行う義務がある。

⑵　水道事業者の給水区域内で水道水の供給を受けようとする住民には、その水道事業者以外の水道事業者を選択する自由はない。

⑶　水道事業者は、当該水道により給水を受ける者が料金を支払わないときは、供給規程の定めるところにより、その者に対する給水を停止することができる。

⑷　水道事業者は、事業計画に定める給水区域内の需要者から給水契約の申し込みを受けた場合には、いかなる場合であっても、これを拒んではならない。

【R1・問題 8】

13 正解 （4）

(1) ○ 水道法第15条（給水義務）第2項

(2) ○ 水道事業経営の認可は、給水区域が他の水道事業の給水区域と重複しないこととされており、その水道事業者以外の水道事業者を選択する自由はない。→水道法第8条（認可基準）第1項第四号

(3) ○ 水道法第15条（給水義務）第3項

(4) × 水道事業者は、事業計画に定める給水区域内の需要者から給水契約の申し込みを受けたときは、**正当な理由がなければ**、これを拒んではならない。→水道法第15条（給水義務）第1項

Important *POINT*

☑**水道事業者選択の自由**

水道法では、水道事業を地域独占事業として経営する権利を国が与え、水道事業者が合理的計画的な施設を経済的に整備し、管理できるようにするとともに、地域独占の事業を利用せざるを得ない立場になる需要者の利益を保護するために国が事業者を監督する仕組みとして認可制度をとっている。このため他の水道事業者を選択する自由はない。

2-4 給水装置・給水装置工事

14 給水装置及びその工事に関する次の記述の正誤の組み合わせのうち、適当なものはどれか。

ア 給水装置工事とは給水装置の設置又は変更の工事をいう。
イ 工場生産住宅に工場内で給水管を設置する作業は給水装置工事に含まれる。
ウ 水道メーターは各家庭の所有物であり給水装置である。
エ 給水管を接続するために設けられる継手類は給水装置に含まれない。

	ア	イ	ウ	エ
(1)	正	誤	誤	誤
(2)	正	誤	誤	正
(3)	誤	正	正	誤
(4)	誤	誤	正	正
(5)	正	正	誤	誤

【R5・問題6】

15 給水装置及び給水装置工事に関する次の記述のうち、不適当なものはどれか。

(1) 給水装置工事とは給水装置の設置又は変更の工事をいう。つまり、給水装置を新設、改造、修繕、撤去する工事をいう。
(2) 工場生産住宅に工場内で給水管及び給水用具を設置する作業は、給水用具の製造工程であり給水装置工事に含まれる。
(3) 水道メーターは、水道事業者の所有物であるが、給水装置に該当する。
(4) 給水用具には、配水管からの分岐器具、給水管を接続するための継手が含まれる。

【R1・問題5】

14　　**正解**　(1)

ア　正　　　水道法第3条（用語の定義）第11項

イ　誤　　　工場生産住宅に工場内で給水管を設置する作業は**給水用具の製造工程であり**給水装置工事に**含まれない**。

ウ　誤　　　水道メーターは**水道事業者**の所有物であり給水装置である。

エ　誤　　　給水管を接続するために設けられる継手類は給水装置に**含まれる**。

15　　**正解**　(2)

(1)　○　　　水道法第3条（用語の定義）第11項

(2)　×　　　工場生産住宅に工場内で給水管及び給水用具を設置する作業は、給水用具の製造工程であり給水装置工事**ではない**。

(3)　○

(4)　○

2-5 指定給水装置工事事業者制度

16 指定給水装置工事事業者の5年ごとの更新時に、水道事業者が確認することが望ましい事項に関する次の記述の正誤の組み合わせのうち、<u>適当なもの</u>はどれか。

ア　指定給水装置工事事業者の受注実績
イ　給水装置工事主任技術者等の研修会の受講状況
ウ　適切に作業を行うことができる技能を有する者の従事状況
エ　指定給水装置工事事業者の講習会の受講実績

	ア	イ	ウ	エ
(1)	正	正	正	正
(2)	正	誤	正	正
(3)	誤	誤	正	誤
(4)	誤	正	誤	誤
(5)	誤	正	正	正

【R4・問題6】／類似【R2・問題7】
H30 水道法改正関連

16 正解 (5)

ア 誤　水道事業者が確認することが望ましい事項には、指定給水装置工事事業者の受注実績は**含まない**。

イ 正

ウ 正

エ 正

Important *POINT*

☑**指定給水装置工事事業者の更新時に確認することが望ましい事項**

　事業の運営に関する基準（水道法第25条の8及び水道法施行規則第36条）に基づく確認

① 指定給水装置工事事業者講習会の受講状況

② 業務内容（営業時間、漏水修繕、対応工事等について）

③ 給水装置工事主任技術者等の研修受講状況

④ 適切に作業を行うことができる技能を有する者の従事状況

（厚生労働省水道課長通知より）

2-5 指定給水装置工事事業者制度

17 指定給水装置工事事業者の5年ごとの更新時に、水道事業者が確認することが望ましい事項に関する次の記述の正誤の組み合わせのうち、**適当なもの**はどれか。

ア 給水装置工事主任技術者等の研修会の受講状況
イ 指定給水装置工事事業者の講習会の受講実績
ウ 適切に作業を行うことができる技能を有する者の従事状況
エ 指定給水装置工事事業者の業務内容（営業時間、漏水修繕、対応工事等）

	ア	イ	ウ	エ
(1)	誤	正	正	正
(2)	正	誤	正	正
(3)	正	正	誤	正
(4)	正	正	正	誤
(5)	正	正	正	正

【R3・問題5】
H30 水道法改正関連

18 指定給水装置工事事業者制度に関する次の記述のうち、**不適当なもの**はどれか。

(1) 水道事業者による指定給水装置工事事業者の指定の基準は、水道法により水道事業者ごとに定められている。
(2) 指定給水装置工事事業者は、給水装置工事主任技術者及びその他の給水装置工事に従事する者の給水装置工事の施行技術の向上のために、研修の機会を確保するよう努める必要がある。
(3) 水道事業者は、指定給水装置工事事業者の指定をしたときは、遅滞なく、その旨を一般に周知させる措置をとる必要がある。
(4) 水道事業者は、その給水区域において給水装置工事を適正に施行することができると認められる者の指定をすることができる。

【R1・問題7】

17　正解　(5)
ア　正
イ　正
ウ　正
エ　正
（厚生労働省水道課長通知より）

18　正解　(1)
(1)　×　　指定給水装置工事事業者の指定の基準は、**全国一律に定められている**。→水道法第25条の3（指定の基準）第1項
(2)　○　　水道法施行規則第36条（事業運営の基準）第四号
(3)　○　　水道法第25条の3（指定の基準）第2項
(4)　○　　水道法第16条の2（給水装置工事）第1項

2-6 主任技術者の職務等

19 給水装置工事主任技術者について水道法に定められた次の記述の正誤の組み合わせのうち、<u>適当なもの</u>はどれか。

ア 指定給水装置工事事業者は、工事ごとに、給水装置工事主任技術者を選任しなければならない。

イ 指定給水装置工事事業者は、給水装置工事主任技術者を選任した時は、遅滞なくその旨を国に届け出なければならない。これを解任した時も同様とする。

ウ 給水装置工事主任技術者は、給水装置工事に従事する者の技術上の指導監督を行わなければならない。

エ 給水装置工事主任技術者は、給水装置工事に係る給水装置が構造及び材質の基準に適合していることの確認を行わなければならない。

	ア	イ	ウ	エ
(1)	正	正	誤	誤
(2)	正	誤	正	誤
(3)	誤	正	誤	正
(4)	誤	誤	正	正
(5)	誤	正	誤	誤

【R3・問題7】

20 給水装置工事主任技術者の職務に該当する次の記述の正誤の組み合わせのうち、<u>適当なもの</u>はどれか。

ア 給水管を配水管から分岐する工事を施行しようとする場合の配水管の布設位置の確認に関する水道事業者との連絡調整

イ 給水装置工事に関する技術上の管理

ウ 給水装置工事に従事する者の技術上の指導監督

エ 給水装置工事を完了した旨の水道事業者への連絡

	ア	イ	ウ	エ
(1)	正	誤	正	誤
(2)	正	正	誤	正
(3)	誤	正	正	誤
(4)	正	正	正	正

【R1・問題6】

19 正解 (4)

ア 誤　指定給水装置工事事業者は、工事ごとに、給水装置工事主任技術者を**指名**しなければならない。→ 水道法施行規則第36条（事業の運営の基準）第一号の規定は以下のとおり。

　　　「給水装置工事（第13条に規定する給水装置の軽微な変更を除く。）ごとに、法第25条の4第1項の規定により選任した給水装置工事主任技術者のうちから、当該工事に関して法第25条の4第3項各号に掲げる職務を行う者を指名すること。」

イ 誤　指定給水装置工事事業者は、給水装置工事主任技術者を選任した時は、遅滞なくその旨を**水道事業者**に届け出なければならない。これを解任した時も同様とする。→ 水道法第25条の4（給水装置工事主任技術者）第2項

ウ 正　水道法第25条の4（給水装置工事主任技術者）第3項

エ 正　水道法第25条の4（給水装置工事主任技術者）第3項

20 正解 (4)

ア 正　水道法施行規則第23条（給水装置工事主任技術者の職務）第二号

イ 正　水道法第25条の4（給水装置工事主任技術者）第3項第一号

ウ 正　水道法第25条の4（給水装置工事主任技術者）第3項第二号

エ 正　水道法施行規則第23条（給水装置工事主任技術者の職務）第三号

2-7 水質管理と水質検査等

21 水道事業者が行う水質管理に関する次の記述のうち、**不適当なものはどれか。**

(1) 毎事業年度の開始前に水質検査計画を策定し、需要者に対し情報提供を行う。

(2) 1週間に1回以上色及び濁り並びに消毒の残留効果に関する検査を行う。

(3) 取水場、貯水池、導水渠、浄水場、配水池及びポンプ井には、鍵をかけ、柵を設ける等、みだりに人畜が施設に立ち入って水が汚染されるのを防止するのに必要な措置を講ずる。

(4) 水道の取水場、浄水場又は配水池において業務に従事している者及びこれらの施設の設置場所の構内に居住している者は、定期及び臨時の健康診断を行う。

(5) 水質検査に供する水の採取の場所は、給水栓を原則とし、水道施設の構造等を考慮して水質基準に適合するかどうかを判断することができる場所を選定する。

【R5・問題4】

22 水道事業者等の水質管理に関する次の記述のうち、**不適当なものはどれか。**

(1) 水道により供給される水が水質基準に適合しないおそれがある場合は臨時の検査を行う。

(2) 水質検査に供する水の採取の場所は、給水栓を原則とし、水道施設の構造等を考慮して、当該水道により供給される水が水質基準に適合するかどうかを判断することができる場所を選定する。

(3) 水道法施行規則に規定する衛生上必要な措置として、取水場、貯水池、導水渠、浄水場、配水池及びポンプ井は、常に清潔にし、水の汚染防止を充分にする。

(4) 水質検査を行ったときは、これに関する記録を作成し、水質検査を行った日から起算して1年間、これを保存しなければならない。

【R4・問題4】

21 正解 (2)

(1) ○　　水道法施行規則第 15 条（定期及び臨時の水質検査）第 6 項、水道法施行規則第 17 条の 5（情報提供）

(2) ×　　**1 日**に 1 回以上色及び濁り並びに消毒の残留効果に関する検査を行う。→水道法第 20 条（水質検査）

(3) ○　　水道法施行規則第 17 条（衛生上必要な措置）

(4) ○　　水道法第 21 条（健康診断）

(5) ○　　水道法施行規則第 15 条（定期及び臨時の水質検査）第 1 項第二号

22 正解 (4)

(1) ○　　水道法施行規則第 15 条（定期及び臨時の水質検査）第 2 項第一号

(2) ○　　水道法施行規則第 15 条（定期及び臨時の水質検査）第 1 項第二号

(3) ○　　水道法施行規則第 17 条（衛生上必要な措置）第 1 項第一号

(4) ×　　水質検査を行ったときは、これに関する記録を作成し、水質検査を行った日から起算して **5 年間**、これを保存しなければならない。
→水道法第 20 条（水質検査）

2-7　水質管理と水質検査等

23　水質管理に関する次の記述のうち、**不適当なものはどれか。**

(1)　水道事業者は、水質検査を行うため、必要な検査施設を設けなければならないが、厚生労働省令の定めるところにより、地方公共団体の機関又は厚生労働大臣の登録を受けた者に委託して行うときは、この限りではない。

(2)　水質基準項目のうち、色及び濁り並びに消毒の残留効果については、1日1回以上検査を行わなければならない。

(3)　水質検査に供する水の採取の場所は、給水栓を原則とし、水道施設の構造等を考慮して、水質基準に適合するかどうかを判断することができる場所を選定する。

(4)　水道事業者は、その供給する水が人の健康を害するおそれがあることを知ったときは、直ちに給水を停止し、かつ、その水を使用することが危険である旨を関係者に周知させる措置を講じなければならない。

【R3・問題4】

24　水質管理に関する次の記述のうち、**不適当なものはどれか。**

(1)　水道事業者は、毎事業年度の開始前に水質検査計画を策定しなければならない。

(2)　水道事業者は、供給される水の色及び濁り並びに消毒の残留効果に関する検査を、3日に1回以上行わなければならない。

(3)　水道事業者は、水質基準項目に関する検査を、項目によりおおむね1カ月に1回以上、又は3カ月に1回以上行わなければならない。

(4)　水道事業者は、その供給する水が人の健康を害するおそれのあることを知ったときは、直ちに給水を停止し、かつ、その水を使用することが危険である旨を関係者に周知させる措置を講じなければならない。

(5)　水道事業者は、水道の取水場、浄水場又は配水池において業務に従事している者及びこれらの施設の設置場所の構内に居住している者について，厚生労働省令の定めるところにより、定期及び臨時の健康診断を行わなければならない。

【R2・問題4】

23 正解　(2)

(1)　○　　水道法第20条（水質検査）第3項

(2)　×　　「消毒の残留効果」は、衛生上必要な措置として検査が義務づけられており、水質基準項目ではないので誤り。

　　→水道法第20条（水質検査）第1項、水道法施行規則第15条（定期及び臨時の水質検査）

　　水道法第22条（衛生上の措置）、水道法施行規則第17条（衛生上必要な措置）

(3)　○　　水道法施行規則第15条（定期及び臨時の水質検査）第1項第二号

(4)　○　　水道法第23条（給水の緊急停止）

24 正解　(2)

(1)　○　　水道法施行規則第15条（定期及び臨時の水質検査）第6項

(2)　×　　水道事業者は、供給される水の色及び濁り並びに消毒の残留効果に関する検査を、<u>1日</u>に1回以上行わなければならない。

　　→水道法施行規則第15条（定期及び臨時の水質検査）第1項第一号イ

(3)　○　　水道法施行規則第15条（定期及び臨時の水質検査）第1項第三号イ

(4)　○　　水道法第23条（給水の緊急停止）

(5)　○　　水道法第21条（健康診断）

Chapter 2 水道行政

2-8 水道事業者の業務

25 水道事業の経営全般に関する次の記述のうち、**不適当なものはどれか。**

(1) 水道事業者は、水道の布設工事を自ら施行し、又は他人に施行させる場合においては、その職員を指名し、又は第三者に委嘱して、その工事の施行に関する技術上の監督業務を行わせなければならない。

(2) 水道事業者は、水道事業によって水の供給を受ける者から、水質検査の請求を受けたときは、すみやかに検査を行い、その結果を請求者に通知しなければならない。

(3) 水道事業者は、水道法施行令で定めるところにより、水道の管理に関する技術上の業務の全部又は一部を他の水道事業者若しくは水道用水供給事業者又は当該業務を適正かつ確実に実施することができる者として同施行令で定める要件に該当するものに委託することができる。

(4) 地方公共団体である水道事業者は、民間資金等の活用による公共施設等の整備等の促進に関する法律に規定する公共施設等運営権を設定しようとするときは、水道法に基づき、あらかじめ都道府県知事の認可を受けなければならない。

【R3・問題9】
H30 水道法改正関連

25 正解 (4)

(1) ○ 水道法第12条（技術者による布設工事の監督）

(2) ○ 水道法第18条（検査の請求）

(3) ○ 水道法第24条の3（業務の委託）

(4) × 地方公共団体である水道事業者は、民間資金等の活用による公共施設等の整備等の促進に関する法律に規定する公共施設等運営権を設定しようとするときは、水道法に基づき、あらかじめ**厚生労働大臣**（※）の**許可**を受けなければならない。→水道法第24条の4（水道施設運営権の設定の許可）

（※）R6年度の水道行政移管に伴い、「厚生労働大臣」は「国土交通大臣」に改正。

2-9　簡易専用水道の管理基準

26　簡易専用水道の管理基準等に関する次の記述のうち、**不適当なものはどれか。**

⑴　有害物や汚水等によって水が汚染されるのを防止するため、水槽の点検等を行う。

⑵　給水栓により供給する水に異常を認めたときは、必要な水質検査を行う。

⑶　水槽の掃除を毎年1回以上定期に行う。

⑷　設置者は、地方公共団体の機関又は厚生労働大臣の登録を受けた者の検査を定期に受けなければならない。

⑸　供給する水が人の健康を害するおそれがあることを知ったときは、その水を使用することが危険である旨を関係者に周知させる措置を講ずれば給水を停止しなくてもよい。

【R5・問題5】

27　簡易専用水道の管理基準に関する次の記述のうち、**不適当なものはどれか。**

⑴　有害物や汚水等によって水が汚染されるのを防止するため、水槽の点検等の必要な措置を講じる。

⑵　設置者は、毎年1回以上定期に、その水道の管理について、地方公共団体の機関又は厚生労働大臣の登録を受けた者の検査を受けなければならない。

⑶　供給する水が人の健康を害するおそれがあることを知ったときは、直ちに給水を停止し、かつ、その水を使用することが危険である旨を関係者に周知させる措置を講じる。

⑷　給水栓により供給する水に異常を認めたときは、水道水質基準の全項目について水質検査を行わなければならない。

【R4・問題5】

26　正解　(5)

(1)　○　　水道法施行規則第55条（管理基準）第1項第二号

(2)　○　　水道法施行規則第55条（管理基準）第1項第三号

(3)　○　　水道法施行規則第55条（管理基準）第1項第一号

(4)　○　　水道法第34条の3（検査の義務）、水道法施行規則第56条（検査）

(5)　×　　供給する水が人の健康を害するおそれがあることを知ったときは、**直ちに給水を停止し、かつ、**その水を使用することが危険である旨を関係者に周知させる**措置を講じる。**

　　　　　　→水道法施行規則第55条（管理基準）第1項第四号

27　正解　(4)

(1)　○　　水道法施行規則第55条（管理基準）第1項第二号

(2)　○　　水道法第34条の3（検査の義務）、水道法施行規則第56条（検査）

(3)　○　　水道法施行規則第55条（管理基準）第1項第四号

(4)　×　　給水栓により供給する水に異常を認めたときは、水道水質基準の**必要なもの**について水質検査を行わなければならない。

　　　　　　→水道法施行規則第55条（管理基準）第1項第三号

2-9 簡易専用水道の管理基準

28 簡易専用水道の管理基準に関する次の記述のうち、**不適当なものはどれか**。

(1) 水槽の掃除を 2 年に 1 回以上定期に行う。
(2) 有害物や汚水等によって水が汚染されるのを防止するため、水槽の点検等を行う。
(3) 給水栓により供給する水に異常を認めたときは、必要な水質検査を行う。
(4) 供給する水が人の健康を害するおそれがあることを知ったときは、直ちに給水を停止する。

【R2・問題 5】

29 簡易専用水道の管理に関する次の記述の ☐ 内に入る語句の組み合わせのうち、**適当なものはどれか**。

簡易専用水道の ア は、水道法施行規則第 55 条に定める基準に従い、その水道を管理しなければならない。この基準として、 イ の掃除を ウ 以内ごとに 1 回定期に行うこと、 イ の点検など、水が汚染されるのを防止するために必要な措置を講じることが定められている。
簡易専用水道の ア は、 ウ 以内ごとに 1 回定期に、その水道の管理について地方公共団体の機関又は厚生労働大臣の エ を受けた者の検査を受けなければならない。

	ア	イ	ウ	エ
(1)	設置者	水　槽	1 年	登録
(2)	水道技術管理者	給水管	1 年	指定
(3)	設置者	給水管	3 年	指定
(4)	水道技術管理者	水　槽	3 年	登録

【R1・問題 4】

28 正解 （1）

(1) ×　　水槽の掃除を**毎年1回以上**定期に行うこと。

→水道法施行規則第55条（管理基準）第1項

（参考：平成30年改正の水道法の施行にあたり、従来の「水槽の掃除を1年以内ごとに1回、定期に、行うこと。」から改正。）

(2) ○　　水道法施行規則第55条（管理基準）第2項

(3) ○　　水道法施行規則第55条（管理基準）第3項

(4) ○　　水道法施行規則第55条（管理基準）第4項

29 正解 （1）

ア　設置者

イ　水槽

ウ　1年

エ　登録

まとめ

これだけは、必ず覚えよう！

1．水道法の一部を改正する法律（平成30年法律第92号）の概要

〈改正の趣旨〉

　人口減少に伴う水の需要の減少、水道施設の老朽化、深刻化する人材不足等の水道の直面する課題に対応し、<u>水道の基盤の強化を図るため</u>、所要の措置を講ずる。

〈改正の概要〉

⑴ 関係者の責務の明確化

①国、都道府県及び市町村は水道の基盤の強化に関する施策を策定し、推進又は実施するよう努めなければならないこと。

②都道府県は水道事業者等（水道事業者又は水道用水供給事業者をいう。以下同じ。）の間の広域的な連携を推進するよう努めなければならないこと。

③水道事業者等はその事業の基盤の強化に努めなければならないこと。

⑵ 広域連携の推進

①国は広域連携の推進を含む水道の基盤を強化するための基本方針を定めること。

②都道府県は基本方針に基づき、関係市町村及び水道事業者等の同意を得て、水道基盤強化計画を定めることができること。

③都道府県は、広域連携を推進するため、関係市町村及び水道事業者等を構成員とする協議会を設けることができること。

⑶ 適切な資産管理の推進

①水道事業者等は、水道施設を良好な状態に保つように、維持及び修繕をしなければならないこと。

②水道事業者等は、水道施設を適切に管理するための水道施設台帳を作成し、保管しなければならないこと。

③水道事業者等は、長期的な観点から、水道施設の計画的な更新に努めなければならないこと。

④水道事業者等は、水道施設の更新に関する費用を含むその事業に係る収支の見通しを作成し、公表するよう努めなければならないこと。

⑷ 官民連携の推進

⑸ 指定給水装置工事事業者制度の改善

　　資質の保持や実態との乖離の防止を図るため、指定給水装置工事事業者の指定
に更新制（5年）を導入。

〈施行の期日〉

　令和元年 10 月 1 日

2.　水道法の規定

⑴ 目的（水道法第 1 条）

　　水道の布設及び管理を適正かつ合理的ならしめるとともに、水道の基盤を強化
することによつて、清浄にして豊富低廉な水の供給を図り、もつて公衆衛生の向
上と生活環境の改善とに寄与することを目的とする。

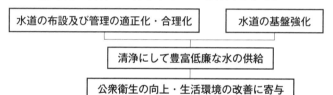

⑵ 責務（水道法第 2 条）

　①「国及び地方公共団体」……水道が国民の日常生活に直結し、その健康を守る
ために欠くことのできないものであり、かつ、水が貴重な資源であることにか
んがみ、水源及び水道施設並びにこれらの周辺の清潔保持並びに水の適正かつ
合理的な使用に関し必要な施策を講じなければならない。

　②「国民」……国及び地方公共団体の施策に協力するとともに、自らも、水源及
び水道施設並びにこれらの周辺の清潔保持並びに水の適正かつ合理的な使用に
努めなければならない。

⑶ 水道の基盤の強化に関する責務（水道法第 2 条の 2）

　①「国」……水道の基盤の強化に関する基本的かつ総合的な施策を策定し、及び
これを推進するとともに、都道府県及び市町村並びに水道事業者及び水道用水
供給事業者（以下「水道事業者等」という。）に対し、必要な技術的及び財政
的な援助を行うよう努めなければならない。

②「都道府県」……その区域の自然的社会的諸条件に応じて、その区域内における市町村の区域を超えた広域的な水道事業者等の間の連携等（水道事業者等の間の連携及び二以上の水道事業又は水道用水供給事業の一体的な経営をいう。以下同じ。）の推進その他の水道の基盤の強化に関する施策を策定し、及びこれを実施するよう努めなければならない。

③「市町村」……その区域の自然的社会的諸条件に応じて、その区域内における水道事業者等の間の連携等の推進その他の水道の基盤の強化に関する施策を策定し、及びこれを実施するよう努めなければならない。

④「水道事業者等」……その経営する事業を適正かつ能率的に運営するとともに、その事業の基盤の強化に努めなければならない。

(4) 用語の定義（水道法第 3 条）

①「水道」……導管及びその他の工作物により、水を人の飲用に適する水として供給する施設の総体をいう。

②「水道施設」……水道のための取水施設、貯水施設、導水施設、浄水施設、送水施設及び配水施設（専用水道にあつては、給水の施設を含むものとし、建築物に設けられたものを除く。以下同じ。）であつて、当該水道事業者、水道用水供給事業者又は専用水道の設置者の管理に属するものをいう。

③「水道事業」等

水道事業等の定義

- **一般の需要に応じて水道により水を供給する事業**
  - 給水人口が 100 人を超えるもの
    - **水道事業**
      - 簡易水道事業（水道事業のうち、給水人口 5,000 人以下のもの）
  - （給水人口が 100 人以下のもの）
- **自家用の水道その他水道事業の水道以外の水道**
  - 100 人を超えるものにその居住に必要な水を供給するもの、又は人の飲用、炊事用、浴用、手洗い用その他人の生活の用の目的のために使用する水量が一日最大で20 ㎥を超えるもの
    - **専用水道**（他の水道から供給される水のみを水源とし、かつ地中又は地表の施設の規模が小さい水道を除く。）
  - （給水対象が100 人以下で、人の飲用、炊事用、浴用、手洗い用その他人の生活の用の目的のために使用する水量が一日最大で20 ㎥以下のもの）
- **水道事業及び専用水道以外の水道であって水道事業から供給される水のみが水源**
  - **貯水槽水道**
    - 水道事業から水の供給を受けるための水槽の有効容量の合計が10 ㎥を超えるもの
      - **簡易専用水道**
    - （水道事業から水の供給を受けるための水槽の有効容量の合計が10 ㎥以下のもの）
- **水道事業者にその用水を供給する事業**──**水道用水供給事業**

④「**給水装置**」……需要者に水を供給するために水道事業者の施設した配水管から分岐して設けられた**給水管**及びこれに直結する**給水用具**をいう。

⑤「**給水装置工事**」……給水装置の設置又は変更の工事をいう。

(5) 水道の水質基準等

水道により供給される水については**水質基準**（水道法第4条）が、水道を構成するそれぞれの施設については、**施設基準**（水道法第5条）が、簡易専用水道については**管理基準**（水道法第34条の2）が定められている。

(6) 水道事業の認可（水道法第6条）

水道法では水道事業を地域独占事業として経営する権利を国が与え、水道事業者が合理的計画的な施設を経済的に整備し、管理できるようにするとともに、地域独占の事業を利用せざるを得ない立場になる需要者の利益を保護するために国が事業者を監督する仕組みとして認可制度をとっている。

3. 水道事業等の経営

(1) 供給規程（水道法第14条）※次頁も参照のこと。

水道事業者は、料金、給水装置工事の費用の負担区分その他の供給条件について、供給規程を定めなければならない。

供給規程は、次の各号に掲げる要件に適合するものでなければならない。

一　料金が、能率的な経営の下における適正な原価に照らし公正妥当なものであること。

二　料金が、定率又は定額をもつて明確に定められていること。

三　水道事業者及び水道の需要者の責任に関する事項並びに給水装置工事の費用の負担区分及びその額の算出方法が、適正かつ明確に定められていること。

四　特定の者に対して不当な差別的取扱いをするものでないこと。

五　貯水槽水道が設置される場合においては、貯水槽水道に関し、水道事業者及び当該貯水槽水道の設置者の責任に関する事項が、適正かつ明確に定められていること。

(2) 給水義務（水道法第15条）

水道事業者は、給水区域内の水道水の供給を受けようとする者の給水契約申込みに対する応諾と常時給水が義務づけられている。

(3) 水道技術管理者（水道法第 19 条）

　水道事業者は、水道の管理について技術上の業務を担当させるため、一定の資格を有する者のうちから、水道技術管理者一人を置かなければならない。水道技術管理者は、施設の適正施工や、安全で衛生的な水道水質の確保、需要者の生命の保護等、水道が有する公共性を担保するための技術上の要となる者である。

Important *POINT*

☑ 供給規程

　関連問題が形を変えて繰り返し出題されるため、水道法第 14 条（供給規程）の規程は必ずチェックする。

第 1 項　水道事業者は、料金、給水装置工事の費用の負担区分その他の供給条件について、供給規程を定めなければならない。

第 2 項　前項の供給規程は、次の各号に掲げる要件に適合するものでなければならない。

　第一号　料金が、能率的な経営の下における適正な原価に照らし公正妥当なものであること。

　第二号　料金が、定率又は定額をもつて明確に定められていること。

　第三号　水道事業者及び水道の需要者の責任に関する事項並びに給水装置工事の費用の負担区分及びその額の算出方法が、適正かつ明確に定められていること。

　第四号　特定の者に対して不当な差別的取扱いをするものでないこと。

　第五号　貯水槽水道が設置される場合においては、貯水槽水道に関し、水道事業者及び当該貯水槽水道の設置者の責任に関する事項が、適正かつ明確に定められていること。

第 3 項　前項各号に規定する基準を適用するについて必要な技術的細目は、厚生労働省令で定める。

第 4 項　水道事業者は、供給規程を、その実施の日までに一般に周知させる措置をとらなければならない。

第 5 項　水道事業者が地方公共団体である場合にあつては、供給規程に定められた事項のうち料金を変更したときは、厚生労働省令で定めるところにより、その旨を厚生労働大臣に届け出なければならない。

第 6 項　水道事業者が地方公共団体以外の者である場合にあつては、供給規程に定められた供給条件を変更しようとするときは、厚生労働大臣の認可を受けなければならない。

第 7 項　厚生労働大臣は、前項の認可の申請が第二項各号に掲げる要件に適合していると認めるときは、その認可を与えなければならない。

4. 指定給水装置工事事業者制度

(1) 給水装置と給水装置工事

① 「**給水管**」……水道事業者の配水管から個別の需要者に水を供給するために分岐して設けられた管をいう。

② 「**給水用具**」……給水管に容易に取外しできない構造として接続し、有圧のまま給水できる給水栓等をいい、ホース等、容易に取外しの可能な状態で接続される器具は含まない。配水管からの分岐器具、給水管を接続するための継手、給水管の途中に設けられる弁類や湯沸器等がある。通常、これらは需要者の所有物である。水道メーターは水道事業者の所有物であるが、給水装置に該当する。ビル等で水道水を一旦受水槽に受けて給水する場合には、配水管の分岐から受水槽の注入口(ボールタップ等)までが給水装置であり、受水槽以降の給水設備は給水装置に該当しない。

③ 「**給水装置工事**」……給水装置を新設、改造、修繕、撤去する工事をいう。また、工事とは調査、計画、施工及び検査の一連の過程の全部又は一部をいう。製造工場内で管、継手、弁等を用いて湯沸器やユニットバス等を組立てる作業や、工場生産住宅に工場で給水管や給水用具を設置する作業は、製造工程であり給水装置工事ではない。

(2) 給水装置の構造及び材質の基準と給水装置の使用規制

給水装置については、水道法に基づいて「給水装置の構造及び材質の基準」が定められている。この基準には、給水装置に用いようとする個々の給水管及び給水用具の性能確保のための性能基準と、給水装置工事の施行の適正を確保するために必要な具体的な判断基準が定められている。

水道事業者は、需要者の給水装置が水道法に基づく構造・材質基準に適合していないときは、給水申込みを拒み、又は、給水停止を行うことができる。また、給水装置工事が行われた給水装置についての竣工検査、使用中の給水装置についての現場立ち入り検査を行う権限を有する。

(3) 給水装置工事事業者の指定

需要者の給水装置の構造及び材質が、基準に適合することを確保するため、水道事業者が、その給水区域において給水装置工事を適正に施行できると認められる者の指定をすることができる制度。指定給水装置工事事業者が行う給水装置工事の技術力を確保するための核となる給水装置工事主任技術者について、国家試験により全国一律の資格を付与することとした。指定給水装置工事事業者については、水道事業者による指定の基準を法で全国一律に定めている。

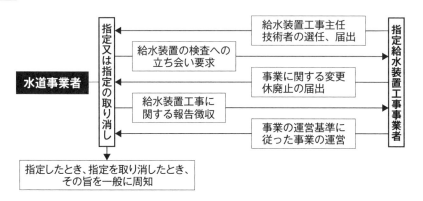

(4) 指定の更新

　水道事業者は、指定期間の5年ごとの更新の際には、事業の運営に関する基準（改正水道法第25条の8及び水道法施行規則第36条）に従い、適正に給水装置工事の事業を運営していることを確認する。

　具体的には、以下の4項目について確認し、水道需要者に対して指定給水装置工事事業者を選択する際の有用な情報発信の一つとして活用することが有効である。

①指定給水装置工事事業者の講習会の受講実績

②指定給水装置工事事業者の業務内容

③給水装置工事主任技術者等の研修会の受講状況

④適切に作業を行うことができる技能を有する者の従事状況

（厚生労働省水道課長通知より）

【参考】

水道法第16条の2（給水装置工事）第1項

　水道事業者は、当該水道によって水の供給を受ける者の給水装置の構造及び材質が前条の規定に基づく政令で定める基準に適合することを確保するため、当該水道事業者の給水区域において給水装置工事を適正に施行することができると認められる者の指定をすることができる。

水道法第25条の3の2（指定の更新）

　第16条の2第1項の指定は、5年ごとにその更新を受けなければ、その期間の経過によって、その効力を失う。

(5) 給水装置工事主任技術者の職務

　給水装置工事主任技術者は、給水装置工事事業の本拠である事業所ごとに選任され、個別の工事ごとに工事事業者から指名されて、調査、計画、施工、検査の一連の給水装置工事業務の技術上の管理等、次の職務を誠実に行わなければならない。

①給水装置工事に関する技術上の管理

②給水装置工事に従事する者の技術上の指導監督

③給水装置工事に係る給水装置の構造及び材質が基準に適合していることの確認

④給水装置工事に係る水道事業者との連絡又は調整

　また、工事事業者は、水道事業者の要求があれば、水道事業者が行う給水装置の検査に給水装置工事主任技術者を立ち会わせなければならない。

5. 簡易専用水道の管理基準

⑴ 簡易専用水道（水道法第 3 条）

　水道事業者から供給を受ける水のみを水源として、一旦受水槽に水を貯め給水する施設で、受水槽の有効容量が 10 ㎥を超えるものを簡易専用水道といい、水道法が適用され、一定の管理基準と定期検査が義務付けられる。

⑵ 設置者の遵守事項（水道法第 34 条の 2）

　簡易専用水道の設置者は、当該簡易専用水道の管理について、厚生労働省令の定めるところにより、定期に、地方公共団体の機関又は厚生労働大臣の登録を受けた者の検査を受けなければならない。

⑶ 簡易専用水道の管理基準（水道法施行規則第 55 条）

①水槽の掃除を毎年一回以上定期に行うこと。

②水槽の点検等有害物、汚水等によって水が汚染されるのを防止するために必要な措置を講ずること。

③給水栓における水の色、濁り、臭い、味その他の状態により供給する水に異常を認めたときは、水質基準に関する省令の表の上欄に掲げる事項のうち必要なものについて検査を行うこと。

④供給する水が人の健康を害するおそれがあることを知つたときは、直ちに給水を停止し、かつ、その水を使用することが危険である旨を関係者に周知させる措置を講ずること。

⑷ 定期検査の受検（水道法施行規則第 56 条）

　毎年一回以上定期に、法律に基づく検査を受けること。

給水装置工事法

■ 試験科目の主な内容

●給水装置工事の適正な施行が可能な知識を有していること。
例　○給水装置の施工上の留意点
　　　○給水装置の維持管理

■ 過去5年の出題傾向と本書掲載問題数

Chapter 3 給水装置工事法	本書掲載問題数	過去5年出題数	2023年[R5]	2022年[R4] 問題番号	2021年[R3] 問題番号	2020年[R2] 問題番号	2019年[R1] 問題番号
3-1 給水管の取出しと分岐方法	6	11	10 11	11　12	10 11 12	11　12	10　11
3-2 給水管の占用位置・埋設深さと明示	4	7	12 13	13		13　14	12　16
3-3 水道メーターの設置	2	5	14	14	14	15	17
3-4 直結式スプリンクラーの設置	2	5	15	15	19	18	19
3-5 給水装置工事の現場管理	1	2		10		10	
3-6 配管工事の基本	5	8	16	17	13　16	17　19	14　15
3-7 給水管の継手と接合方法	4	5	18　19	19	17		13
3-8 給水装置の異常現象	2	2				16	18
3-9 維持管理	1	1			18		
3-10 給水装置の構造・材質基準	3	4	17	16　18	15		
計	30	50					

░░ は本書掲載を示す

3-1　給水管の取出しと分岐方法

1　配水管からの給水管の取出しに関する次の記述の正誤の組み合わせのうち、**適当なものはどれか。**

ア　ダクタイル鋳鉄管の分岐穿孔に使用するサドル分水栓用ドリルの仕様を間違えると、エポキシ樹脂粉体塗装の場合「塗膜の貫通不良」や「塗膜の欠け」といった不具合が発生しやすい。

イ　ダクタイル鋳鉄管のサドル付分水栓等の穿孔箇所には、穿孔断面の防食のための水道事業者が指定する防錆剤（ぼうせいざい）を塗布する。

ウ　不断水分岐作業の場合は、分岐作業終了後、水質確認（残留塩素の測定及びにおい、色、濁り、味の確認）を行う。

エ　配水管からの分岐以降水道メーターまでの給水装置材料及び工法等については、水道事業者が指定していることが多いので確認が必要である。

	ア	イ	ウ	エ
(1)	正	正	誤	誤
(2)	誤	正	正	誤
(3)	誤	誤	正	正
(4)	正	正	誤	正
(5)	正	誤	正	正

【R5・問題10】

1 正解 (5)

ア　正

イ　誤　　ダクタイル鋳鉄管のサドル付分水栓等の穿孔箇所には、穿孔断面の防食のための水道事業者が指定する**防食コアを装着**する。

ウ　正

エ　正

Important **POINT**

☑**防食コア**

　ダクタイル鋳鉄管に装着するコアは、非密着形、密着形がある。→設問イ

☑**穿孔後の水質確認**

　穿孔後における水質確認（残留塩素、におい、濁り、色、味）を行う。このうち、特に残留塩素の確認は穿孔した管が水道管であることの証しとなることから必ず実施する。→設問ウ

3-1 給水管の取出しと分岐方法

2 水道配水用ポリエチレン管からの分岐穿孔に関する次の記述のうち、<u>不適当</u>なものはどれか。

(1) 割T字管の取付け後の試験水圧は、1.75 MPa 以下とする。ただし、割T字管を取り付けた管が老朽化している場合は、その管の内圧とする。

(2) サドル付分水栓を用いる場合の手動式の穿孔機には、カッターは押し切りタイプと切削タイプがある。

(3) 割T字管を取り付ける際、割T字管部分のボルト・ナットの締付けは、ケース及びカバーの取付け方向を確認し、片締めにならないように全体を均等に締め付けた後、ケースとカバーの合わせ目の隙間がなくなるまで的確に締め付ける。

(4) 分水EFサドルの取付けにおいて、管の切削面と取り付けるサドルの内面全体を、エタノール又はアセトン等を浸みこませたペーパータオルで清掃する。

【R5・問題11】

3 配水管からの分岐穿孔に関する次の記述の正誤の組み合わせのうち、<u>不適当</u>なものはどれか。

(1) 割T字管は、配水管の管軸頂部にその中心線がくるように取り付け、給水管の取出し方向及び割T字管が管軸方向から見て傾きがないか確認する。

(2) ダクタイル鋳鉄管からの分岐穿孔の場合、割T字管の取り付け後、分岐部に水圧試験用治具を取り付けて加圧し、水圧試験を行う。負荷水圧は、常用圧力 +0.5 MPa 以下とし、最大 1.25 MPa とする。

(3) 割T字管を用いたダクタイル鋳鉄管からの分岐穿孔の場合、穿孔はストローク管理を確実に行う。また、穿孔中はハンドルの回転が重く感じ、センタードリルの穿孔が終了するとハンドルの回転は軽くなる。

(4) 割T字管を用いたダクタイル鋳鉄管からの分岐穿孔の場合、防食コアを穿孔した孔にセットしたら、拡張ナットをラチェットスパナで締め付ける。規定量締付け後、拡張ナットを緩める。

(5) ダクタイル鋳鉄管に装着する防食コアの挿入機及び防食コアは、製造者及び機種等により取扱いが異なるので、必ず取扱説明書を読んで器具を使用する。

【R4・問題12】

2　正解　(1)

(1)　×　　割T字管の取付け後の試験水圧は、**0.75 MPa** 以下とする。ただし、割T字管を取り付けた管が老朽化している場合は、その管の内圧とする。

(2)　○

(3)　○

(4)　○

3　正解　(1)

(1)　×　　割T字管は、配水管の管軸**水平部**にその中心線がくるように取り付け、給水管の取出し方向及び割T字管が管**水平**方向から見て傾きがないか確認する。

(2)　○

(3)　○

(4)　○

(5)　○

3-1 給水管の取出しと分岐方法

4 配水管からの給水管の取出しに関する次の記述の正誤の組み合わせのうち、**適当なものはどれか。**

ア 配水管への取付口の位置は、他の給水装置の取付口から 30 センチメートル以上離し、また、給水管の口径は、当該給水装置による水の使用量に比し、著しく過大でないこと。

イ 異形管から給水管を取り出す場合は、外面に付着した土砂や外面被覆材を除去し、入念に清掃したのち施工する。

ウ 不断水分岐作業の終了後は、水質確認（残留塩素の測定及び色、におい、濁り、味の確認）を行う。

エ ダクタイル鋳鉄管の分岐穿孔に使用するサドル付分水栓用ドリルの先端角は、一般的にモルタルライニング管が 90°～100°で、エポキシ樹脂粉体塗装管が 118°である。

	ア	イ	ウ	エ
(1)	正	正	誤	正
(2)	誤	誤	正	誤
(3)	正	誤	正	誤
(4)	誤	正	誤	正
(5)	正	誤	正	正

【R3・問題 11】

4　　正解　⑶

ア　正

イ　誤　　**配水管の直管部**から給水管を取り出す場合は、外面に付着した土砂や外面被覆材を除去し、入念に清掃したのち施工する。

ウ　正

エ　誤　　ダクタイル鋳鉄管の分岐穿孔に使用するサドル付分水栓用ドリルの先端角は、一般的にモルタルライニング管が**118°**で、エポキシ樹脂粉体塗装管が**90°～100°**である。

Important *POINT*

☑**給水管の取り出し**

　給水管の取り出しは、配水管の直管部から行う。異形管及び継手からは、給水管の取り出しは行わない。また維持管理を考慮して配水管等の継手端面からも30㎝以上離す必要がある。→設問イ

☑**サドル付分水栓用ドリル**

　ダクタイル鋳鉄管の分岐穿孔に使用するサドル付分水栓用ドリルは、エポキシ樹脂粉体塗装管とモルタルライニング管の場合とでは形状が異なるので、使用にあたっては注意する必要がある。ドリルの仕様を間違えると、エポキシ樹脂粉体塗装管の場合、「塗膜の貫通不良」や「塗膜の欠け」といった不具合が発生しやすくなる。→設問エ

3-1 給水管の取出しと分岐方法

5 ダクタイル鋳鉄管からのサドル付分水栓穿孔作業に関する次の記述の正誤の組み合わせのうち、**適当なものはどれか**。

ア サドル付分水栓を取り付ける前に、弁体が全閉状態になっていること、パッキンが正しく取り付けられていること、塗装面やねじ等に傷がないこと等を確認する。

イ サドル付分水栓は、配水管の管軸頂部にその中心線がくるように取り付け、給水管の取出し方向及びサドル付分水栓が管軸方向から見て傾きがないことを確認する。

ウ サドル付分水栓の穿孔作業に際し、サドル付分水栓の吐水部又は穿孔機の排水口に排水用ホースを連結し、ホース先端を下水溝に直接接続し、確実に排水する。

エ 穿孔中はハンドルの回転が軽く感じるが、穿孔が完了する過程においてハンドルが重くなるため、特に口径 50 ㎜から取り出す場合にはドリルの先端が管底に接触しないよう注意しながら完全に穿孔する。

	ア	イ	ウ	エ
(1)	誤	正	誤	誤
(2)	正	誤	誤	正
(3)	誤	正	正	誤
(4)	正	誤	正	誤
(5)	誤	正	誤	正

【R3・問題 12】

5　正解　(1)

ア　誤　　サドル付分水栓を取り付ける前に、弁体が**全開**状態になっていること、パッキンが正しく取り付けられていること、塗装面やねじ等に傷がないこと等を確認する。

イ　正

ウ　誤　　サドル付分水栓の穿孔作業に際し、サドル付分水栓の吐水部又は穿孔機の排口に排水用ホースを連結し、**下水溝等へ切粉を直接排水しないようホースの先端はバケツ等排水受けに差し込む。**

エ　誤　　穿孔中はハンドルの回転が**重く**感じるが、穿孔が完了する過程においてハンドルが**軽く**なるため、特に口径 50 ㎜から取り出す場合にはドリルの先端が管底に接触しないよう注意しながら完全に穿孔する。

 Important **POINT**

☑**サドル付分水栓の取付要領**

①サドル付分水栓を取付ける前に、弁体が**全開**になっているか、パッキンが正しく取付けられているか、塗装面やねじ等に傷がないか等、サドル付分水栓が正常かどうか確認する。→設問ア

②サドル付分水栓は、配水管の管軸頂部にその中心線がくるように取付け、給水管の取出し方向及びサドル付分水栓が管軸方向から見て傾きがないことを確認する。→設問イ

③サドル付分水栓の取付け位置を変えるときは、サドル取付ガスケット（サドルと配水管の水密性を確保するためのゴム製のシール材）を保護するため、サドル付分水栓を持ち上げて移動させる。

④サドル付分水栓のボルトナットの締付けは、全体に均一になるよう的確に行い、ダクタイル鋳鉄管の場合の標準締付トルクを、トルクレンチを用いて確認する。

⑤ステンレス製のボルトナットは、異物の噛み込みや無理なねじ込みによって不具合を起こしやすいので、十分注意する。

3-1 給水管の取出しと分岐方法

6　サドル付分水栓穿孔工程に関する(1)から(5)までの手順の記述のうち、**不適当なものはどれか。**

(1) 配水管がポリエチレンスリーブで被覆されている場合は、サドル付分水栓取付け位置の中心線より 20 cm程度離れた両位置を固定用ゴムバンド等により固定してから、中心線に沿って切り開き、固定した位置まで折り返し、配水管の管肌をあらわす。

(2) サドル付分水栓のボルトナットの締め付けは、全体に均一になるように行う。

(3) サドル付分水栓の頂部のキャップを取外し、弁（ボール弁又はコック）の動作を確認してから弁を全閉にする。

(4) サドル付分水栓の頂部に穿孔機を静かに載せ、サドル付き分水栓と一体となるように固定する。

(5) 穿孔作業は、刃先が管面に接するまでハンドルを静かに回転させ、穿孔を開始する。最初はドリルの芯がずれないようにゆっくりとドリルを下げる。

【R2・問題 12】

6　　正解　(3)

(1)　○

(2)　○

(3)　×　　サドル付分水栓の頂部のキャップを取外し、弁（ボール弁又はコック）の動作を確認してから弁を**全開**にする。

(4)　○

(5)　○

 Important *POINT*

☑**サドル付分水栓の穿孔要領**

①サドル付分水栓の頂部のキャップを取外し、弁の動作を確認してから弁を開く。→設問(3)

②分岐口径及び内面ライニングに応じたカッター又はドリルを穿孔機のスピンドルに取付ける。

③サドル付分水栓の頂部へ穿孔機を静かに載せ、袋ナットを締付けてサドル付分水栓と一体になるように固定する。→設問(4)

④サドル付分水栓の吐水部又は穿孔機の排水口に排水用ホースを連結し、下水溝等へ切粉を直接排水しないようにホースの先端はバケツ等に差し込む。

⑤刃先が管面に接するまでハンドルを静かに回転し、穿孔を開始する。穿孔する面が円弧であるため、穿孔ドリルを強く押し下げるとドリルの芯がずれ正常な状態の穿孔ができず、この後の防食コアの装着に支障が出るおそれがあるため、最初はドリルの芯がずれないようにゆっくりとドリルを下げる。→設問(5)

⑥穿孔が終了するとハンドルの回転は軽くなるが、最後まで回転させ、完全に穿孔する。

⑦穿孔が終わったらハンドルを逆回転して刃先を弁の上部まで確実に戻す。

⑧弁を閉め、穿孔機及び排水用ホースを取外す。

3-2　給水管の占用位置・埋設深さと明示

7　水道管の埋設深さ及び占用位置に関する次の記述の 　　 内に入る語句の組み合わせのうち、**正しいものはどれか**。

　道路法施行令の第11条の3第1項第2号ロでは、埋設深さについて、「水管又はガス管の本線を埋設する場合においては、その頂部と路面との距離は ア m（工事実施上やむを得ない場合は イ m）を超えていること」と規定されている。しかし、他の埋設物との交差の関係等で、土被りを標準又は規定値までとれない場合は、 ウ と協議することとし、必要な防護措置を施す。

　宅地部分における給水管の埋設深さは、荷重、衝撃等を考慮して エ m以上を標準とする。

	ア	イ	ウ	エ
(1)	0.9	0.6	水道事業者	0.3
(2)	0.9	0.6	道路管理者	0.2
(3)	1.2	0.5	水道事業者	0.3
(4)	1.2	0.6	道路管理者	0.3
(5)	1.2	0.5	水道事業者	0.2

【R5・問題12】

7 　正解 　(4)

ア　1.2
イ　0.6
ウ　道路管理者
エ　0.3

　道路法施行令の第11条の3第1項第2号ロでは、埋設深さについて、「水管又はガス管の本線を埋設する場合においては、その頂部と路面との距離は **1.2** m（工事実施上やむを得ない場合は **0.6** m）を超えていること」と規定されている。しかし、他の埋設物との交差の関係等で、土被りを標準又は規定値までとれない場合は、**道路管理者**と協議することとし、必要な防護措置を施す。

　宅地部分における給水管の埋設深さは、荷重、衝撃等を考慮して **0.3** m以上を標準とする。

3-2 給水管の占用位置・埋設深さと明示

8 水道管の明示に関する次の記述の正誤の組み合わせのうち、適当なものはどれか。

ア　道路部分に埋設する管などの明示テープの地色は、道路管理者ごとに定められており、その指示に従い施工する必要がある。

イ　水道事業者によっては、管の天端部に連続して明示テープを設置することを義務付けている場合がある。

ウ　道路部分に給水管を埋設する際に設置する明示シートは、指定する仕様のものを任意の位置に設置してよい。

エ　道路部分に布設する口径 75 mm以上の給水管に明示テープを設置する場合は、明示テープに埋設物の名称、管理者、埋設年を表示しなければならない。

```
        ア    イ    ウ    エ
(1)     正    誤    正    誤
(2)     正    誤    誤    正
(3)     誤    正    誤    正
(4)     正    誤    正    正
(5)     誤    正    正    誤
```

【R5・問題 13】

8　　**正解**　(3)

ア　誤　　道路部分に埋設する管などの明示テープの地色は、**地下埋設物管理者**ごとに定められており、その指示に従い施工する必要がある。

イ　正

ウ　誤　　道路部分に給水管を埋設する際に設置する明示シートは、指定する仕様のものを**指示された位置に設置しなければならない**。

エ　正

3-2　給水管の占用位置・埋設深さと明示

9　給水管の明示に関する次の記述の正誤の組み合わせのうち、<u>適当なものはどれか。</u>

ア　道路管理者と水道事業者等道路地下占用者の間で協議した結果に基づき、占用物埋設工事の際に埋設物頂部と路面の間に折り込み構造の明示シートを設置している場合がある。

イ　道路部分に布設する口径 75 mm以上の給水管には、明示テープ等により管を明示しなければならない。

ウ　道路部分に給水管を埋設する際に設置する明示シートは、水道事業者の指示により、指定された仕様のものを任意の位置に設置する。

エ　明示テープの色は、水道管は青色、ガス管は緑色、下水道管は茶色とされている。

```
         ア    イ    ウ    エ
(1)      正    誤    正    正
(2)      誤    正    誤    正
(3)      正    正    誤    正
(4)      正    誤    正    誤
(5)      誤    正    正    誤
```

【R4・問題 13】

9 正解 (3)

ア 正

イ 正

ウ 誤 　道路部分に給水管を埋設する際に設置する明示シートは、水道事業者の指示により、指定された仕様のものを**指定された**位置に設置する。

エ 正

Important **POINT**

☑ **明示テープの色**

　道路法施行規則に基づき、明示テープの色は、水道管は青色、工業用水管は白色、ガス管は緑色、下水道管は茶色、電話線は赤色、電力線はオレンジ色とされている。→設問エ

☑ **明示シート**

　明示シートは道路を掘削する工事において、掘削機械による埋設物の毀損^{き そん}事故を防止するため、道路内に給水管を埋設する際には、水道事業者の指示により、指定された仕様の明示シートを指示された位置に設置しなければならない。→設問ウ

3-2 給水管の占用位置・埋設深さと明示

10 給水管の埋設深さ及び占用位置に関する次の記述のうち、**不適当なものはどれか。**

(1) 道路を縦断して給水管を埋設する場合は、ガス管、電話ケーブル、電気ケーブル、下水道管等の他の埋設物への影響及び占用離隔に十分注意し、道路管理者が許可した占用位置に配管する。

(2) 浅層埋設は、埋設工事の効率化、工期の短縮及びコスト縮減等の目的のため、運用が開始された。

(3) 浅層埋設が適用される場合、歩道部における水道管の埋設深さは、管路の頂部と路面との距離は 0.3 m 以下としない。

(4) 給水管の埋設深さは、宅地内にあっては 0.3 m 以上を標準とする。

【R1・問題 12】

10　正解　(3)

(1)　○

(2)　○

(3)　×　　浅層埋設が適用される場合、歩道部における水道管の埋設深さは、管路の頂部と路面との距離は **0.5 m** 以下としない。

(4)　○

Important *POINT*

☑**給水管の埋設深さ及び占用位置、給水管の明示について**

①給水管の埋設深さ（管頂部と路面（地表）との距離。「土被り」ともいう。）は、道路部分にあっては道路管理者の許可（通常の場合は 1.2 mを超えていること）によるものとし、宅地内は 0.3 m以上を標準とする。

②浅層埋設は、Chapter3　まとめ「3. 給水管の埋設深さ及び占用位置②」（P123）を参照。→設問(3)

③給水管の明示は、Chapter3　まとめ「4. 給水管の明示①」（P124）を参照。

3-3　水道メーターの設置

11　水道メーターの設置に関する次の記述の正誤の組み合わせのうち、**適当なも
のはどれか**。

ア　新築の集合住宅等に設置される埋設用メーターユニットは、検定満期取替
　え時の漏水事故防止や、水道メーター取替え時間の短縮を図る等の目的で開
　発されたものである。

イ　集合住宅等の複数戸に直結増圧式等で給水する建物の親メーターにおいて
　は、ウォーターハンマーを回避するため、メーターバイパスユニットを設置
　する方法がある。

ウ　水道メーターは、集合住宅の配管スペース内に設置される場合を除き、い
　かなる場合においても損傷、凍結を防止するため地中に設置しなければなら
　ない。

エ　水道メーターの設置は、原則として家屋に最も近接した宅地内とし、メー
　ターの計量や取替え作業が容易な位置とする。

	ア	イ	ウ	エ
(1)	正	誤	誤	誤
(2)	正	正	誤	誤
(3)	誤	誤	正	正
(4)	誤	正	誤	正
(5)	誤	誤	誤	正

【R5・問題14】

11 　正解　(1)

ア　正

イ　誤　　集合住宅等の複数戸に直結増圧式等で給水する建物の親**メーター
においては、メーター取替え時の断水による影響**を回避するため、
メーターバイパスユニットを設置する方法がある。

ウ　誤　　水道メーターは、集合住宅の配管スペース内に設置される場合を**含
め、建物内に設置する場合には**、損傷、凍結を防止するため**十分配慮
する必要がある。**

エ　誤　　水道メーターの設置は、原則として**道路境界線**に最も近接した宅地
内とし、メーターの計量や取替え作業が容易な位置とする。

Important *POINT*

☑水道メーターの設置

①水道メーターの設置は、原則として**道路境界線に最も近接した**宅地内とし、
　メーターの検針や取替作業等が容易な場所で、かつ、メーターの損傷、凍
　結等のおそれがない位置とする。→設問エ

②建物内に水道メーターを設置する場合は、凍結防止、取替作業スペースの確
　保、取付け高さ、設置場所の防水・水抜き等について考慮する。→設問ウ

③水道メーターの遠隔指示装置を設置する場合は、効率的に検針でき、かつ、
　維持管理が容易な場所とする。

④水道メーターを地中に設置する場合は、金属製、プラスチック製、コンクリー
　ト製等のメーターます又はメーター室とする。また、メーター取外し時の
　戻り水によりメーターますに水が滞留して給水管に流れ込むおそれがある
　ので、その防止について考慮する。

⑤水道メーターの設置に当たっては、メーターに表示されている流水方向の矢
　印を確認したうえで水平に取付ける。また、メーターの器種によっては、メー
　ター前後に所定の直管部を確保する必要がある。

3-3 水道メーターの設置

12 水道メーターの設置に関する次の記述のうち、**不適当なものはどれか。**

(1) メーターますは、水道メーターの呼び径が50mm以上の場合はコンクリートブロック、現場打ちコンクリート、金属製等で、上部に鉄蓋を設置した構造とするのが一般的である。

(2) 水道メーターの設置は、原則として道路境界線に最も近接した宅地内で、メーターの計量及び取替え作業が容易であり、かつ、メーターの損傷、凍結等のおそれがない位置とする。

(3) 水道メーターの設置に当たっては、メーターに表示されている流水方向の矢印を確認した上で水平に取り付ける。

(4) 集合住宅の配管スペース内の水道メーター回りは弁栓類、継手が多く、漏水が発生しやすいため、万一漏水した場合でも、居室側に浸水しないよう、防水仕上げ、水抜き等を考慮する必要がある。

(5) 集合住宅等の複数戸に直結増圧式等で給水する建物の親メーターにおいては、ウォーターハンマーを回避するため、メーターバイパスユニットを設置する方法がある。

【R4・問題14】

12　正解　(5)

(1)　○

(2)　○

(3)　○

(4)　○

(5)　×　　集合住宅等の複数戸に直結増圧式等で給水する建物の親メーターにおいては、<u>**メーターの取替え時の断水による影響**</u>を回避するため、メーターバイパスユニットを設置する方法がある。

3-4 直結式スプリンクラーの設置

13　消防法の適用を受けるスプリンクラーに関する次の記述のうち、**不適当なものはどれか**。

(1) 災害その他正当な理由によって、一時的な断水や水圧低下によりその性能が十分発揮されない状況が生じても水道事業者に責任がない。

(2) 乾式配管による水道直結式スプリンクラー設備は、給水管の分岐から電動弁までの停滞水をできるだけ少なくするため、給水管分岐部と電動弁との間を短くすることが望ましい。

(3) 水道直結式スプリンクラー設備の設置で、分岐する配水管からスプリンクラーヘッドまでの水理計算及び給水管、給水用具の選定は、給水装置工事主任技術者が行う。

(4) 水道直結式スプリンクラー設備は、消防法令適合品を使用するとともに、給水装置の構造及び材質の基準に関する省令に適合した給水管、給水用具を用いる。

(5) 平成19年の消防法改正により、一定規模以上のグループホーム等の小規模社会福祉施設にスプリンクラーの設置が義務付けられた。

【R5・問題15】

13 正解 (3)

(1) ○

(2) ○

(3) × 水道直結式スプリンクラー設備の設置で、分岐する配水管からスプリンクラーヘッドまでの水理計算及び給水管、給水用具の選定は、**消防設備士**が行う。

(4) ○

(5) ○

Important **POINT**

☑**水道直結式スプリンクラー設備の設置**

　水道直結式スプリンクラー設備は、給水装置に設置するものであるから指定給水装置工事事業者が施工し、またその構造及び材質の基準の適用は主任技術者の責任となるが、消防設備としての要件を満たすために**消防設備士**が設計等を行うものとしている。→設問(3)

3-4　直結式スプリンクラーの設置

14　消防法の適用を受けるスプリンクラーに関する次の記述のうち、**不適当なも
のはどれか**。

(1)　平成19年の消防法改正により、一定規模以上のグループホーム等の小規
模社会福祉施設にスプリンクラーの設置が義務付けられた。

(2)　水道直結式スプリンクラー設備の工事は、水道法に定める給水装置工事と
して指定給水装置工事事業者が施工する。

(3)　水道直結式スプリンクラー設備の設置で、分岐する配水管からスプリンク
ラーヘッドまでの水理計算及び給水管、給水用具の選定は、消防設備士が行う。

(4)　水道直結式スプリンクラー設備は、消防法令適合品を使用するとともに、
給水装置の構造及び材質の基準に関する省令に適合した給水管、給水用具を
用いる。

(5)　水道直結式スプリンクラー設備の配管は、消火用水をできるだけ確保する
ために十分な水を貯留することのできる構造とする。

【R3・問題19】

14 正解 (5)

(1) ○

(2) ○

(3) ○

(4) ○

(5) × 　水道直結式スプリンクラー設備の配管は、**停滞水及び停滞空気を生じさせない**構造とする。

Important *POINT*

☑消防法の適用を受けるスプリンクラー

■留意事項

①水道直結式スプリンクラーは水道法の適用を受ける。

②水道直結式スプリンクラー設備の工事及び整備は、消防法の規定により必要な事項については消防設備士が責任を負うことから、指定給水装置工事事業者等が消防設備士の指導の下で行う。

③水道直結式スプリンクラー設備の設置に当たり、分岐する配水管からスプリンクラーヘッドまでの水理計算及び給水管、給水用具の選定は、消防設備士が行う。→設問(3)

④水道直結式スプリンクラー設備の工事は、水道法に定める給水装置工事として指定給水装置工事事業者が施工する。→設問(2)

⑤水道直結式スプリンクラー設備は、消防法令適合品を使用するとともに、基準省令に適合した給水管、給水用具であること。また、設置される設備は給水装置の構造及び材質の基準に適合していること。→設問(4)

⑥停滞水及び停滞空気の発生しない構造であること。→設問(5)

⑦災害その他正当な理由によって、一時的な断水や水圧低下によりその性質が十分発揮されない状況が生じても水道事業者に責任はない。

■配管方法

　水道直結式スプリンクラー設備の配管方法には、湿式と乾式がある。

3-5 給水装置工事の現場管理

15 水道法施行規則第36条の指定給水装置工事事業者の事業の運営に関する次の記述の □ 内に入る語句の組み合わせのうち、**適当なものはどれか。**

水道法施行規則第36条第1項第2号に規定する「適切に作業を行うことができる技能を有する者」とは、配水管への分水栓の取付け、配水管の穿孔、給水管の接合等の配水管から給水管を分岐する工事に係る作業及び当該分岐部から ア までの配管工事に係る作業について、配水管その他の地下埋設物に変形、破損その他の異常を生じさせることがないよう、適切な イ 、 ウ 、地下埋設物の エ の方法を選択し、正確な作業を実施することができる者をいう。

	ア	イ	ウ	エ
(1)	水道メーター	給水用具	工程	移設
(2)	宅地内	給水用具	工程	防護
(3)	水道メーター	資機材	工法	防護
(4)	止水栓	資機材	工法	移設
(5)	宅地内	給水用具	工法	移設

【R4・問題10】

15 正解 （3）

ア　水道メーター
イ　資機材
ウ　工法
エ　防護

　水道法施行規則第36条第1項第2号に規定する「適切に作業を行うことができる技能を有する者」とは、配水管への分水栓の取付け、配水管の穿孔、給水管の接合等の配水管から給水管を分岐する工事に係る作業及び当該分岐部から**水道メーター**までの配管工事に係る作業について、配水管その他の地下埋設物に変形、破損その他の異常を生じさせることがないよう、適切な**資機材**、**工法**、地下埋設物の**防護**の方法を選択し、正確な作業を実施することができる者をいう。

Important *POINT*

☑ 技能を有する者の位置づけ

　給水装置工事に際しては、水道法第25条の4第1項の規定に基づき給水装置工事主任技術者を選任するとともに、水道法施行規則第36条第2号の規定に基づき、**配水管から分岐して給水管を設ける工事等を施行する場合において、適切に作業を行うことができる技能を有する者を従事又は監督させることとしている。**次のように例示している。

①水道事業者等によって行われた試験や講習により、資格を与えられた配管工（配管技能者、その他類似の名称のものを含む。）

②職業能力開発促進法第44条に規定する配管技能士

③職業能力開発促進法第24条に規定する都道府県知事の認定を受けた職業訓練校の配管科の課程の修了者

④財団法人給水工事技術振興財団が実施する配管技能者検定会の合格者

　なお、いずれの場合も、配水管への分水栓の取り付け、配水管の穿孔、給水管の接合等の経験を有している必要がある。

3-6　配管工事の基本

16　給水管の配管に当たっての留意事項に関する次の記述の正誤の組み合わせのうち、**適当なものはどれか**。

ア　給水装置工事は、いかなる場合でも衛生に十分注意し、工事の中断時又は一日の工事終了後には、管端にプラグ等で栓をし、汚水等が流入しないようにする。

イ　地震、災害時等における給水の早期復旧を図ることからも、道路境界付近には止水栓を設置しない。

ウ　不断水による分岐工事に際しては、水道事業者が認めている配水管口径に応じた分岐口径を超える口径の分岐等、配水管の強度を低下させるような分岐工法は使用しない。

エ　高水圧が生ずる場所としては、水撃作用が生ずるおそれのある箇所、配水管の位置に対し著しく高い箇所にある給水装置、直結増圧式給水による高層階部等が挙げられる。

	ア	イ	ウ	エ
(1)	誤	正	正	誤
(2)	正	誤	正	誤
(3)	誤	正	誤	正
(4)	正	誤	誤	正

【R5・問題16】

16 正解 (2)

ア　正

イ　誤　地震、災害時等における給水の早期復旧を図ることからも、**宅地内**
の道路境界付近には止水栓を**設置すること**を**原則**とする。

ウ　正

エ　誤　高水圧が生ずる場所としては、水撃作用が生ずるおそれのある箇
所、配水管の位置に対し著しく**低い**箇所にある給水装置、直結増圧式
給水による**低層**階部等が挙げられる。

Important *POINT*

☑**配管工事の留意点**（目を通しておきましょう‼）

　給水管及び給水用具は、基準省令に定められた性能基準に適合しているこ
とを確認しなければならない。

・耐圧性能基準には、大気圧式バキュームブレーカ、シャワーヘッド等のよ
うに最終止水機能の流出側に設置される給水用具は除外される。

・配管工事にあっては、管種、使用する継手、施工環境及び施工技術等を考
慮し、最も適当と考えられる接合方法及び工具を用いなければならない。

・使用する弁類にあっては、開閉操作の繰り返し等に対し耐久性能を有する
ものを選択しなければならない。なお、耐寒性能基準には耐久性能基準も
規定されているため、構造・材質基準では重複を排除している。

3-6　配管工事の基本

17　給水管の配管工事に関する次の記述のうち、**不適当なもの**はどれか。

(1)　水圧、水撃作用等により給水管が離脱するおそれのある場所には、適切な離脱防止のための措置を講じる。

(2)　宅地内の主配管は、家屋の基礎の外回りに布設することを原則とし、スペースなどの問題でやむを得ず構造物の下を通過させる場合は、さや管を設置しその中に配管する。

(3)　配管工事に当たっては、漏水によるサンドブラスト現象などにより他企業埋設物への損傷を防止するため、他の埋設物との離隔は原則として30 cm以上確保する。

(4)　地階あるいは2階以上に配管する場合は、原則として階ごとに止水栓を設置する。

(5)　給水管を施工上やむを得ず曲げ加工して配管する場合、曲げ配管が可能な材料としては、ライニング鋼管、銅管、ポリエチレン二層管がある。

【R4・問題17】

17　正解　(5)

(1)　○

(2)　○

(3)　○

(4)　○

(5)　×　　給水管を施工上やむを得ず曲げ加工して配管する場合、曲げ配管が可能な材料としては、**ステンレス鋼鋼管**、銅管、ポリエチレン二層管がある。

Important *POINT*

☑**曲げ配管の材料**

　直管を曲げ配管できる材料としては、ステンレス鋼鋼管、銅管、水道用ポリエチレン二層管、水道配水用ポリエチレン管、水道給水用ポリエチレン管がある。→設問(5)

3-6 配管工事の基本

18 止水栓の設置及び給水管の防護に関する次の記述の正誤の組み合わせのうち、適当なものはどれか。

ア 止水栓は、給水装置の維持管理上支障がないよう、メーターボックス（ます）又は専用の止水栓きょう内に収納する。

イ 給水管を建物の柱や壁等に添わせて配管する場合には、外力、自重、水圧等による振動やたわみで損傷を受けやすいので、クリップ等のつかみ金具を使用し、管を3～4mの間隔で建物に固定する。

ウ 給水管を構造物の基礎や壁を貫通させて設置する場合は、構造物の貫通部に配管スリーブ等を設け、スリーブとの間隙を弾性体で充填し、給水管の損傷を防止する。

エ 給水管が水路を横断する場所にあっては、原則として水路を上越しして設置し、さや管等による防護措置を講じる。

	ア	イ	ウ	エ
(1)	誤	正	誤	正
(2)	正	誤	誤	正
(3)	正	誤	正	誤
(4)	正	正	誤	誤
(5)	誤	正	正	誤

【R3・問題 13】

18　正解　(3)

ア　正

イ　誤　　給水管を建物の柱や壁等に添わせて配管する場合には、外力、自重、水圧等による振動やたわみで損傷を受けやすいので、クリップ等のつかみ金具を使用し、管を**1～2m**の間隔で建物に固定する。

ウ　正

エ　誤　　給水管が水路を横断する場所にあっては、**なるべく**水路を**下越し**して設置し、さや管等による防護措置を講じる。

3-6　配管工事の基本

19 配管工事の留意点に関する次の記述のうち、**不適当なもの**はどれか。

(1)　水路の上越し部、鳥居配管となっている箇所等、空気溜まりを生じるおそれがある場所にあっては空気弁を設置する。

(2)　高水圧が生じる場所としては、配水管の位置に対し著しく低い場所にある給水装置などが挙げられるが、そのような場所には逆止弁を設置する。

(3)　給水管は、将来の取替え、漏水修理等の維持管理を考慮して、できるだけ直線に配管する。

(4)　地階又は2階以上に配管する場合は、修理や改造工事に備えて、各階ごとに止水栓を設置する。

(5)　給水管の布設工事が1日で完了しない場合は、工事終了後必ずプラグ等で汚水やごみ等の侵入を防止する措置を講じておく。

【R3・問題16】

20 給水管の配管工事に関する次の記述のうち、**不適当なもの**はどれか。

(1)　水圧、水撃作用等により給水管が離脱するおそれがある場所にあっては、適切な離脱防止のための措置を講じる。

(2)　給水管の配管にあたっては、事故防止のため、他の埋設物との間隔を原則として20 cm以上確保する。

(3)　給水装置は、ボイラー、煙道等高温となる場所、冷凍庫の冷凍配管等に近接し凍結のおそれのある場所を避けて設置する。

(4)　宅地内の配管は、できるだけ直線配管とする。

【R1・問題14】

19 正解 (2)

(1) ○

(2) ×　高水圧が生じる場所としては、配水管の位置に対し著しく低い場所にある給水装置などが挙げられるが、そのような場所には**減圧弁**を設置する。

(3) ○

(4) ○

(5) ○

20 正解 (2)

(1) ○

(2) ×　給水管の配管にあたっては、事故防止のため、他の埋設物との間隔を原則として **30 ㎝**以上確保する。

(3) ○

(4) ○

3-7 給水管の継手と接合方法

21 給水管の接合に関する次の記述のうち、**不適当なもの**はどれか。

(1) 銅管のろう接合とは、管の差込み部と継手受口との隙間にろうを加熱溶解して、毛細管現象により吸い込ませて接合する方法である。

(2) ダクタイル鋳鉄管の接合に使用する滑剤は、ダクタイル鋳鉄継手用滑剤を使用し、塩化ビニル管用滑剤やグリース等の油剤類は使用しない。

(3) 硬質塩化ビニルライニング鋼管のねじ継手に外面樹脂被覆継手を使用しない場合は、埋設の際、防食テープを巻く等の防食処理等を施す必要がある。

(4) 水道給水用ポリエチレン管の EF 継手による接合は、長尺の陸継ぎが可能であるが、異形管部分の離脱防止対策は必要である。

【R5・問題 18】

21 正解 (4)

(1) ○

(2) ○

(3) ○

(4) × 　水道給水用ポリエチレン管の EF 継手による接合は、長尺の陸継ぎが可能であるが、異形管部分の離脱防止対策は**必要ない**。

Important *POINT*

☑**水道給水用ポリエチレン管**

　通常 EF 継手とメカニカル継手が用いられる。EF 継手の特徴は、次のとおり。

①接合方法がマニュアル化されており、かつ EF 継手はコントローラーによって最適融着条件が自動制御される。

②管重量が軽量であるうえ、継手が融着により一体化されているため、長尺の陸継ぎが可能である。

③異形管部分の離脱防止対策が不要である。→設問(4)

給水装置工事法

3 - 7 給水管の継手と接合方法

3-7　給水管の継手と接合方法

22　ダクタイル鋳鉄管に関する接合形式の組み合わせについて、<u>適当なものはど</u><u>れか</u>。

接合例　ア

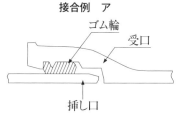

ゴム輪
受口
挿し口

接合例　イ

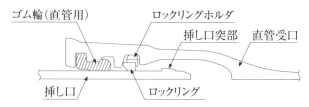

ゴム輪（直管用）
ロックリングホルダ
挿し口突部
直管受口
挿し口
ロックリング

接合例　ウ

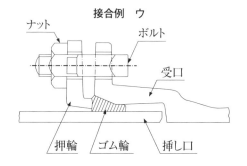

ナット
ボルト
受口
押輪　ゴム輪　挿し口

	ア	イ	ウ
(1)	K 形	GX 形	T 形
(2)	T 形	K 形	GX 形
(3)	T 形	GX 形	K 形
(4)	K 形	T 形	GX 形

【R5・問題 19】

22 正解 （3）

  ア T 形

  イ GX 形

  ウ K 形

3-7 給水管の継手と接合方法

23 各種の水道管の継手及び接合方法に関する次の記述のうち、**不適当なものはどれか。**

(1) ステンレス鋼鋼管のプレス式継手による接合は、専用締付け工具を使用するもので、短時間に接合ができ、高度な技術を必要としない方法である。

(2) ダクタイル鋳鉄管の NS 形及び GX 形継手は、大きな伸縮余裕、曲げ余裕をとっているため、管体に無理な力がかかることなく継手の動きで地盤の変動に適応することができる。

(3) 水道給水用ポリエチレン管の EF 継手による接合は、融着作業中の EF 接続部に水が付着しないように、ポンプによる充分な排水を行う。

(4) 硬質塩化ビニルライニング鋼管のねじ接合において、管の切断はパイプカッター、チップソーカッター、ガス切断等を使用して、管軸に対して直角に切断する。

(5) 銅管の接合には継手を使用するが、25 mm以下の給水管の直管部は、胴接ぎとすることができる。

【R4・問題 19】

23 正解 (4)

(1) ○

(2) ○

(3) ○

(4) × 　硬質塩化ビニルライニング鋼管のねじ接合において、管の切断は**自動金のこ盤、自動丸のこ機**等を使用して、管軸に対して直角に切断する。

(5) ○

 Important **POINT**

☑**硬質塩化ビニルライニング鋼管の切断**

　自動金のこ盤（帯のこ盤、弦のこ盤）、ねじ切り機に搭載された**自動丸のこ機**等を使用して、管軸に対して直角に切断する。管に悪影響を及ぼすパイプカッターやチップソーカッター、ガス切断、高速砥石は使用しない。

→設問(4)

3-7 給水管の継手と接合方法

24 水道配水用ポリエチレン管の EF 継手による接合に関する次の記述のうち、**不適当なものはどれか。**

(1) 継手との管融着面の挿入範囲をマーキングし、この部分を専用工具（スクレーパ）で切削する。

(2) 管端から 200 mm程度の内外面及び継手本体の受口内面やインナーコアに付着した油・砂等の異物をウエス等で取り除く。

(3) 管に挿入標線を記入後、継手をセットし、クランプを使って、管と継手を固定する。

(4) コントローラのコネクタを継手に接続のうえ、継手バーコードを読み取り通電を開始し、融着終了後、所定の時間冷却確認後、クランプを取り外す。

【R1・問題 13】

3-8 給水装置の異常現象

25 給水装置の異常現象に関する次の記述のうち、<u>不適当なものはどれか。</u>

(1) 既設給水管に亜鉛めっき鋼管が使用されていると、内部に赤錆が発生しやすく、年月を経るとともに給水管断面が小さくなるので出水不良を起こすおそれがある。

(2) 水道水が赤褐色になる場合は、水道管内の錆が剥離・流出したものである。

(3) 配水管の工事等により断水すると、通水の際スケール等が水道メーターのストレーナに付着し出水不良となることがあるので、この場合はストレーナを清掃する。

(4) 配水管工事の際に水道水に砂や鉄粉が混入した場合、給水用具を損傷することもあるので、まず給水栓を取り外して、管内からこれらを除去する。

(5) 水道水から黒色の微細片が出る場合、止水栓や給水栓に使われているパッキンのゴムやフレキシブル管の内層部の樹脂等が劣化し、栓の開閉を行った際に細かく砕けて出てくるのが原因だと考えられる。

【R2・問題 16】

24　正解　(2)

(1)　○

(2)　×　　継手内面と管外面を<u>エタノールまたはアセトンを浸み込ませた専</u><u>用ペーパータオルで清掃する。</u>

(3)　○

(4)　○

Important *POINT*

☑ **水道配水用ポリエチレン管のメカニカル継手による接合方法**

　管端から200 mm程度の内外面及び継手本体の受口内面やインナーコアに付着した油・砂等の異物をウエス等で取り除く。→設問(2)

25　正解　(4)

(1)　○

(2)　○

(3)　○

(4)　×　　配水管工事の際に水道水に砂や鉄粉が混入した場合、給水用具を損傷することもあるので、まず<u>水道メーター</u>を取り外して、管内からこれらを除去する。

(5)　○

3-8 給水装置の異常現象

26 給水装置の異常現象に関する次の記述の正誤の組み合わせのうち、<u>適当なものはどれか</u>。

ア 給水管に硬質塩化ビニルライニング鋼管を使用していると、亜鉛メッキ鋼管に比べて、内部にスケール（赤錆）が発生しやすく、年月を経るとともに給水管断面が小さくなるので出水不良を起こす。

イ 水道水は、無味無臭に近いものであるが、塩辛い味、苦い味、渋い味等が感じられる場合は、クロスコネクションのおそれがあるので、飲用前に一定時間管内の水を排水しなければならない。

ウ 埋設管が外力によってつぶれ小さな孔があいてしまった場合、給水時にエジェクタ作用によりこの孔から外部の汚水や異物を吸引することがある。

エ 給水装置工事主任技術者は、需要者から給水装置の異常を告げられ、依頼があった場合は、これらを調査し、原因究明とその改善を実施する。

	ア	イ	ウ	エ
(1)	誤	正	誤	正
(2)	正	正	誤	誤
(3)	誤	誤	正	正
(4)	正	誤	正	誤

【R1・問題 18】

26 正解 (3)

ア 誤 給水管に**亜鉛メッキ鋼管**を使用していると、**硬質塩化ビニルライニング鋼管**に比べて、内部にスケール（赤錆）が発生しやすく、年月を経るとともに給水管断面が小さくなるので出水不良を起こす。

イ 誤 水道水は、無味無臭に近いものであるが、塩辛い味、苦い味、渋い味等が感じられる場合は、クロスコネクションのおそれがあるので、**飲用してはならない**。

ウ 正

エ 正

3-9 維持管理

27 給水装置の維持管理に関する次の記述のうち、**不適当なものはどれか。**

(1) 給水装置工事主任技術者は、需要者が水道水の供給を受ける水道事業者の配水管からの分岐以降水道メーターまでの間の維持管理方法に関して、必要の都度需要者に情報提供する。

(2) 配水管からの分岐以降水道メーターまでの間で、水道事業者の負担で漏水修繕する範囲は、水道事業者ごとに定められている。

(3) 水道メーターの下流側から末端給水用具までの間の維持管理は、すべて需要者の責任である。

(4) 需要者は、給水装置の維持管理に関する知識を有していない場合が多いので、給水装置工事主任技術者は、需要者から給水装置の異常を告げられたときには、漏水の見つけ方や漏水の予防方法などの情報を提供する。

(5) 指定給水装置工事事業者は、末端給水装置から供給された水道水の水質に関して異常があった場合には、まず給水用具等に異常がないか確認した後に水道事業者に報告しなければならない。

【R3・問題18】

27 正解 (5)

(1) ○

(2) ○

(3) ○

(4) ○

(5) ×　　指定給水装置工事事業者は、末端給水装置から供給された水道水の水質に関して異常があった場合には、**水道事業者に連絡し水質検査を依頼する等直ちに原因を究明するとともに、適切な対策を講じる必要がある**。

Important *POINT*

☑**給水装置の維持管理**

・配水管からの分岐以降水道メーターまでの間の漏水等の維持管理は、水道事業者が無料修繕を行う範囲が、例えば、道路内のみ、分岐から第一止水栓まで、分岐から水道メーターまで、又は少ない事例ではあるが全て需要者が負担するなど、水道事業者によってその取扱いが異なる。

・水道メーターの下流側から末端給水用具までの間の維持管理は、すべて需要者の責任となる。

・水道水の濁り、着色、臭味等が発生した場合には、水道事業者に連絡し水質検査を依頼する等直ちに原因を究明するとともに、適切な対策を講じなければならない。→設問(5)

3-10 給水装置の構造・材質基準

28 「給水装置の構造及び材質の基準に関する省令」に関する次の記述のうち、**不適当なもの**はどれか。

(1) 給水管及び給水用具は、最終の止水機構の流出側に設置される給水用具を除き、耐圧のための性能を有するものでなければならない。

(2) 給水装置の接合箇所は、水圧に対する充分な耐力を確保するためにその構造及び材質に応じた適切な接合が行われているものでなければならない。

(3) 家屋の主配管とは、口径や流量が最大の給水管を指し、配水管からの取り出し管と同口径の部分の配管がこれに該当する。

(4) 家屋の主配管は、配管の経路について構造物の下の通過を避けることなどにより漏水時の修理を容易に行うことができるようにする。

【R5・問題 17】

29 給水装置の構造及び材質の基準に関する省令に関する次の記述のうち、**不適当なもの**はどれか。

(1) 給水装置の接合箇所は、水圧に対する充分な耐力を確保するためその構造及び材質に応じた適切な接合が行われたものでなければならない。

(2) 弁類（耐寒性能基準に規定するものを除く。）は、耐久性能基準に適合したものを用いる。

(3) 給水管及び給水用具は、最終の止水機構の流出側に設置される給水用具を含め、耐圧性能基準に適合したものを用いる。

(4) 配管工事に当たっては、管種、使用する継手、施工環境及び施工技術等を考慮し、最も適当と考えられる接合方法及び工具を用いる。

【R4・問題 16】

28 正解 (3)

(1) ○

(2) ○

(3) × 　家屋の主配管とは、口径や流量が最大の給水管を指し、**一般的には1階部分に布設された水道メーター**と同口径の部分の配管がこれに該当する。

(4) ○

29 正解 (3)

(1) ○

(2) ○

(3) × 　給水管及び給水用具は、最終の止水機構の流出側に設置される給水用具**を除き**、耐圧性能基準に適合したものを用いる。

(4) ○

Important *POINT*

☑耐圧性能基準の適用対象

　耐圧性能基準の適用対象は、原則としてすべての給水管及び給水用具である。ただし、大気圧式バキュームブレーカ、シャワーヘッド等のように最終の止水機能の流出側に設置される給水用具については、**最終の止水機能を閉止することにより漏水を防止できること、高水圧が加わらないことから適用から除外されている。**→設問(3)

3-10　給水装置の構造・材質基準

30　給水管及び給水用具の選定に関する次の記述の　　　内に入る語句の組み合わせのうち、**適当なものはどれか**。

給水管及び給水用具は、配管場所の施工条件や設置環境、将来の維持管理等を考慮して選定する。

配水管の取付口から　ア　までの使用材料等については、地震対策並びに漏水時及び災害時等の　イ　を円滑かつ効率的に行う観点から、　ウ　が指定している場合が多いので確認する。

	ア	イ	ウ
(1)	水道メーター	応急給水	厚生労働省
(2)	止水栓	緊急工事	厚生労働省
(3)	止水栓	応急給水	水道事業者
(4)	水道メーター	緊急工事	水道事業者

【R4・問題18】

30 正解　(4)

ア　水道メーター
イ　緊急工事
ウ　水道事業者

　給水管及び給水用具は、配管場所の施工条件や設置環境、将来の維持管理等を考慮して選定する。

　配水管の取付口から**水道メーター**までの使用材料等については、地震対策並びに漏水時及び災害時等の**緊急工事**を円滑かつ効率的に行う観点から、**水道事業者**が指定している場合が多いので確認する。

まとめ

これだけは、必ず覚えよう！

1．給水装置の施工

　水道事業者は、水道法第16条(給水装置の構造及び材質)の権限とは別に、災害防止並びに漏水時等の緊急工事を円滑かつ効率的に行う観点から、配水管への給水管の取付工事及び当該取付口から水道メーターまでの給水装置工事について、その材料や工法等の指定を行うことができる。

2．給水管の取出しの留意点

①適切に作業を行うことができる技能を有する者を配置する。

②水道以外の管との誤接合を行わないよう十分な調査をする。

③配水管からの分岐にあたっては、他の給水管の取付け位置から30 cm以上離す。

④取出す給水管の口径は、原則として、配水管の口径より小さい口径とする。

⑤異形管及び継手から分岐してはならない。

⑥給水管の分岐には、配水管の管種及び口径並びに給水管の口径に応じたサドル付分水栓、分水栓、割T字管、チーズ、T字管を用いる。

・分水栓を取付する場合は、もみ込むねじ山数は漏水防止等を考慮して3山以上必要。

・水道配水用ポリエチレン管、水道給水用ポリエチレン管の分岐は、分水EFサドル、分水栓付EFサドル、サドル付分水栓のいずれかを使用する。

・サドル付分水栓のダクタイル鋳鉄管への取付けは、標準締付トルク（M 16は60 N・m、M 20は75 N・m）を、トルクレンチを用いて確認する。

⑦穿孔機は確実に取り付け、その仕様に応じたドリル、カッターを使用する。

⑧穿孔は、内面塗膜面等に悪影響を与えないように行う。

・サドル付分水栓の吐水部又は穿孔機の排水口に排水ホースを連結し、下水溝等へ切粉を直接排水しないようにホースの先端はバケツ等に差し込む。

・防食コアの取付……ストレッチャ（コア挿入機のコア取付け部）先端にコア取付け用ヘッドを取付け、そのヘッドに該当口径のコアを差し込み、非密着コアの場合は固定ナットで軽く止める。密着コアの場合は製造業者の取扱説明書に従い取付ける。

・モルタルライニング管のドリルは一般的に先端角が118°のもので、エポキシ樹脂粉体塗装の場合は先端角が90°～100°で水道事業者が指示する角度のもの

を使用する。

⑨配水管の分岐から水道メーターまでの給水装置工事の材料及び工法等については、各水道事業者において指定していることが多いので確認する必要がある。

3. 給水管の埋設深さ及び占用位置

①道路法施行令では、埋設深さについて、「水管又はガス管の本線を埋設する場合においては、その頂部と路面との距離は、1.2 m（工事実施上やむを得ない場合にあっては、0.6 m）以下としないこと。」と規定されている。宅地内にあっては 0.3 m以上を標準とする。

②浅層埋設の適用対象となる管種及び口径の使用にあたっては、埋設深さ等について道路管理者に確認のうえ、埋設深さを可能な限り浅くする。

浅層埋設の対象となる管種	口径
鋼管	300 mm以下
ダクタイル鋳鉄管	300 mm以下
硬質ポリ塩化ビニル管	300 mm以下
水道配水用ポリエチレン管	200 mm以下

浅層埋設の深さは、以下のとおり。

車道：舗装の厚さに 0.3 mを加えた値（当該値が 0.6 mに満たない場合は 0.6 m）以下としない。

歩道：管路の頂部との距離は 0.5 m以下としない（切り下げ部で 0.5 m以下となるときは、十分な強度の管材を使用するか、所要の防護措置を講じる）。

③道路部分に配管する場合は、その占用位置を誤らないようにする。

4. 給水管の明示

①道路部分に布設する口径 75 mm以上の給水管には、明示テープ、明示シート等により管を明示する。

地下埋設物	水道	工業用水管	ガス管	下水管	電話線	電力線
テープの色	青色	白色	緑色	茶色	赤色	オレンジ色

②宅地部分に布設する給水管の位置については、維持管理上明示する必要がある場合、明示杭等によりその位置を明示する。

5. 水道メーターの設置

①水道メーターの設置は、原則として道路境界線に最も近接した宅地内で、水道メーターの計量及び取替えが容易であり、かつ、水道メーターの損傷、凍結等のおそれがない位置とする。

②水道メーター口径 13 ～ 40 mmの場合は、金属製、プラスチック製、コンクリート製等のメーターますとする。水道メーター口径 50 mm以上の場合は、コンクリートブロック、現場打ちコンクリート、金属製等で、上部に鉄蓋を設置した構造とするのが、一般的である。

③水道メーターは逆方向に取り付けると、正規の計量を表示しないので、絶対に避けなければならない。

④**メーターバイパスユニット**……集合住宅等の複数戸に直結増圧式等で給水する場合、水道メーター取替え時に断水による影響を回避するため、メーターバイパスユニットを設置する方法がある。

⑤**メーターユニット**……集合住宅等の各戸メーターの接続には、メーターユニットを使用する方法もある。メーターユニットは、止水栓、逆止弁、メーター着脱機能等で構成されている。

6. 土工事等

給水装置工事において、道路掘削を伴う等の工事内容によっては、その工事箇所の施工手続を当該道路管理者及び所轄警察署長等に行い、その道路使用許可等の条件を遵守して適正に施工、かつ、事故防止に努めなければならない。

7. 配管工事

(1) さや管ヘッダー方式

2000（平成 12）年に施行された「住宅の品質確保の促進等に関する法律」の対応として、主として架橋ポリエチレン管及びポリブテン管等を用いたさや管ヘッダー方式が採用された。この方式は、ヘッダー（配管分岐器具）から分岐し、それぞれの給水用具まで途中で分岐せず直接接続する方法である。樹脂製の波状さや管をあらかじめ布設しておき、その中に給水管を配管する。

(2) 給水管を他の企業埋設管に近接して布設する場合

給水管等の漏水によるサンドブラスト現象等によって、他の企業埋設管に損傷を与えるおそれがある。したがって、給水管は他の企業埋設管より原則として30 cm以上の間隔を確保し、配管する。

(3) 直管を曲げ配管する場合等の主な留意点

①ステンレス鋼管……ステンレス鋼鋼管と波状ステンレス鋼管からなる。

・ステンレス鋼鋼管及び波状ステンレス鋼管の接合は、伸縮可とう式継手（ワンタッチ方式が主である）、プレス式継手を使用する。

・ステンレス鋼鋼管の曲げ加工はベンダー。最大角度 90 度。曲がりの始点・終点から 10 cm以上直管部を確保。曲げ半径は呼び径の 4 倍以上。

②銅管……多くは給湯用配管に使用。アルカリに侵食されない。耐食性に優れている。引張強さが比較的大きい。

・管の継手は、ろう付・はんだ付継手及び機械継手がある。

・銅管の曲げ配管……硬質銅管は曲げ加工は行わない。

・被覆銅管(軟質コイル管)の曲げ加工は、専用パイプベンダーを用いて行う。曲げ半径は次表による。

・軟質銅管を手曲げする場合は、座屈防止のためのスプリングベンダー又はポリ芯を管内に挿入し、次表の曲げ半径を取り、支点を移動させながら徐々に曲げる。

口径（mm）	曲げ半径（cm）	
	被覆銅管（軟質コイル管） 専用パイプベンダーを使用する	軟質銅管 スプリングベンダーを使用する
10	55 以上	
13	80 以上	外径の 5 倍以上
20	150 以上	外径の 10 倍以上
25	250 以上	

③**水道用ポリエチレン二層管**

・継手は、一般的に金属継手を使用し、他にコア一体型やワンタッチ型、WSA規格品があり、水道配水用ポリエチレン管と同様にEF継手がある。

・曲げ半径は、管の外径の25倍以上（1種管）、50倍以上（2種管）、30倍以上（3種管）とする。

④**水道配水用ポリエチレン管・水道給水用ポリエチレン管**

・継手は、EF継手、金属継手、メカニカル継手がある。

・曲げ半径は、長尺管の場合には外径の30倍以上、5m管と継手を合わせて施工の場合には外径の75倍以上とする。

8. 消防法の適用を受けるスプリンクラー設備

　給水装置に設置するスプリンクラーには、消防法の適用を受けるものと受けない住宅用のものがある。以下に適用を受けるものについて述べる。

(1) **運用について**

①水道直結式スプリンクラーは、水道法の適用を受ける。

②水道直結式スプリンクラー設備の工事及び整備は、消防法の規定により必要な事項については消防設備士が責任を負うことから、指定給水装置工事事業者等が消防設備士の指導の下で行う。

③水道直結式スプリンクラー設備の設置に当たり、分岐する配水管からスプリンクラーヘッドまでの水理計算及び給水管、給水用具の選定は、消防設備士が行う。

④水道直結式スプリンクラー設備の工事は、水道法に定める給水装置工事として指定給水装置工事事業者が施工する。

⑤水道直結式スプリンクラー設備は、消防法令適用品を使用するとともに、基準省令に適合した給水管、給水用具であること、また、設置される設備は構造及び材質の基準に適合していること。

⑥停滞水及び停滞空気の発生しない構造であること。

⑦災害その他の理由によって、一時的な断水や水圧低下によりその性能が十分発揮されない状況が生じても水道事業者に責任はない。

(2) **配管方法**

①**湿式配管**……常時充水されている。

②**乾式配管**……分岐部直下流に電動弁を設置し、弁閉止時は自動排水し、電動弁以降の配管を空にできる。給水管の分岐から電動弁までの間の停滞水をできるだけ少なくするため、その間を短くすることが望ましい。

(3) 設置における留意点

　水道直結式スプリンクラーの設置については、停滞水が生じないよう末端給水栓までの配管途中に設置する。需要者等に対してこの設備は断水時には使用できない等、取扱い方法について説明しておく。

9. 維持管理

　給水装置は、需要者等が注意をもって管理すべきものであり、維持管理について需要者等に対して適切な情報提供を行うことが重要である。

Chapter 4

給水装置の構造及び性能

■ 試験科目の主な内容

● 給水管及び給水用具が具備すべき性能基準に関する知識を有していること。

● 給水装置工事が適正に施行された給水装置であるか否かの判断基準（システム基準）に関する知識を有していること。

例　○ 給水管及び給水用具の性能基準、給水システム基準に関する知識
　　　○ 給水管の呼び径等に対応した吐水口空間の算定方法
　　　○ 各性能項目の適用対象給水用具に関する知識

■ 過去5年の出題傾向と本書掲載問題数

Chapter 4 給水装置の構造及び性能	本書掲載問題数	過去5年出題数	2022年 [R4] 問題番号	2022年 [R4] 問題番号	2021年 [R3] 問題番号	2020年 [R2] 問題番号	2019年 [R1] 問題番号
4-1 給水装置の構造及び材質の基準	5	5	20　21	20		20	20
4-2 耐圧性能基準	2	2				21	21
4-3 水撃限界性能基準	2	2	24		21		
4-4 逆流防止性能基準	6	10	27　28	27　29	22 28 29	25	22　27
4-5 負圧破壊性能基準	1	1		22			
4-6 耐久性能基準	1	2	23	23			
4-7 耐寒性能基準	3	3			23	27	29
4-8 浸出性能基準	2	3	22	21		23	
4-9 給水管及び給水用具の性能基準	1	2			20	38	
4-10 侵食防止（システム基準）	2	3	25		26		24
4-11 水の汚染防止（システム基準）	2	4		24	25	28	26
4-12 クロスコネクション（システム基準）	2	5	26	26	24	29	25
4-13 耐圧試験と水撃防止（システム基準）	3	4		25		22　24	23
4-14 寒冷地対策（システム基準）	3	5	29	28	27	26	28
計	35	51					

■ は本書掲載を示す

4-1 給水装置の構造及び材質の基準

1 水道法第16条に関する次の記述において □ 内に入る<u>正しいものはどれか</u>。

第16条　水道事業者は、当該水道によつて水の供給を受ける者の給水装置の構造及び材質が政令で定める基準に適合していないときは、供給規程の定めるところにより、その者の給水契約の申込を拒み、又はその者が給水装置をその基準に適合させるまでの間その者に対する □ ことができる。

(1)　施設の検査を行う
(2)　水質の検査を行う
(3)　給水を停止する
(4)　負担の区分について定める
(5)　衛生上必要な措置を講ずる

【R5・問題20】

2 水道法施行令第6条（給水装置の構造及び材質の基準）の記述のうち、<u>誤っているものはどれか</u>。

(1)　配水管への取付口における給水管の口径は、当該給水装置による水の使用量に比し、著しく過大でないこと。
(2)　配水管の流速に影響を及ぼすおそれのあるポンプに直接連結されていないこと。
(3)　水圧、土圧その他荷重に対して充分な耐力を有し、かつ、水が汚染され、又は漏れるおそれがないものであること。
(4)　水槽、プール、流しその他水を入れ、又は受ける器具、施設等に給水する給水装置にあつては、水の逆流を防止するための適当な措置が講ぜられていること。

【R5・問題21】

1 正解 (3)

(3) 給水を停止する

　第16条　水道事業者は、当該水道によって水の供給を受ける者の給水装置の構造及び材質が政令で定める基準に適合していないときは、供給規程の定めるところにより、その者の給水契約の申込を拒み、又はその者が給水装置をその基準に適合させるまでの間その者に対する**給水を停止する**ことができる。

2 正解 (2)

(1)　○

(2)　×　　配水管の**水圧**に影響を及ぼすおそれのあるポンプに直接連結されていないこと。

(3)　○

(4)　○

4-1　給水装置の構造及び材質の基準

3 給水装置に関わる規定に関する次の記述のうち、**不適当なもの**はどれか。

(1) 給水装置が水道法に定める給水装置の構造及び材質の基準に適合しない場合、水道事業者は供給規程の定めるところにより、給水契約の申し込みの拒否又は給水停止ができる。

(2) 水道事業者は、給水区域において給水装置工事を適正に施行することができる者を指定できる。

(3) 水道事業者は、使用中の給水装置について、随時現場立ち入り検査を行うことができる。

(4) 水道技術管理者は、給水装置工事終了後、水道技術管理者本人又はその者の監督の下、給水装置の構造及び材質の基準に適合しているか否かの検査を実施しなければならない。

【R4・問題20】

4 水道法第17条（給水装置の検査）の次の記述において　　内に入る語句の組み合わせのうち、**正しいもの**はどれか。

水道事業者は、　ア　、その職員をして、当該水道によって水の供給を受ける者の土地又は建物に立ち入り、給水装置を検査させることができる。ただし、人の看守し、若しくは人の住居に使用する建物又は　イ　に立ち入るときは、その看守者、居住者又は　ウ　の同意を得なければならない。

	ア	イ	ウ
(1)	年末年始以外に限り	閉鎖された門内	土地又は建物の所有者
(2)	日出後日没前に限り	施錠された門内	土地又は建物の所有者
(3)	年末年始以外に限り	施錠された門内	これらに代るべき者
(4)	日出後日没前に限り	閉鎖された門内	これらに代るべき者

【R2・問題20】

3 正解 (3)

(1) ○

(2) ○

(3) × 　水道事業者は、使用中の給水装置について、~~随時~~現場立ち入り検査を行うことができる。

(4) ○

Important **POINT**

☑給水装置の立ち入り検査

　水道法第 17 条第 1 項前段の規定により、「水道事業者は、日出後日没前に限り、その職員をして、当該水道によって水の供給を受ける者の土地又は建物に立ち入り、給水装置を検査させることができる。」とされているので、給水装置の検査を「随時」行うことはできない。→設問(3)

4 正解 (4)

ア　日出後日没前に限り

イ　閉鎖された門内

ウ　これらに代るべき者

　水道事業者は、**日出後日没前に限り**、その職員をして、当該水道によって水の供給を受ける者の土地又は建物に立ち入り、給水装置を検査させることができる。ただし、人の看守し、若しくは人の住居に使用する建物又は**閉鎖された門内**に立ち入るときは、その看守者、居住者又は**これらに代るべき者**の同意を得なければならない。

4-1　給水装置の構造及び材質の基準

5　水道法の規定に関する次の記述のうち、<u>不適当なもの</u>はどれか。

(1)　水道事業者は、当該水道によって水の供給を受ける者の給水装置の構造及び材質が、政令で定める基準に適合していないときは、その基準に適合させるまでの間その者に対する給水を停止することができる。

(2)　給水装置の構造及び材質の基準は、水道法 16 条に基づく水道事業者による給水契約の拒否や給水停止の権限を発動するか否かの判断に用いるためのものであるから、給水装置が有するべき必要最小限の要件を基準化している。

(3)　水道事業者は、給水装置工事を適正に施行することができると認められる者の指定をしたときは、供給規程の定めるところにより、当該水道によって水の供給を受ける者の給水装置が当該水道事業者又は当該指定を受けた者（以下、「指定給水装置工事事業者」という。）の施行した給水装置工事に係るものであることを供給条件とすることができる。

(4)　水道事業者は、当該給水装置の構造及び材質が政令で定める基準に適合していることが確認されたとしても、給水装置が指定給水装置工事事業者の施行した給水装置工事に係るものでないときは、給水を停止することができる。

【R1・問題 20】

5 正解 (4)

(1) ○

(2) ○

(3) ○

(4) × 水道事業者は、当該給水装置の構造及び材質が政令で定める基準に適合していることが確認された**ときは**、給水装置が指定給水装置工事事業者の施行した給水装置工事に係るものでないとき**でも**、給水を停止することが**できない**。

Important *POINT*

☑**指定給水装置工事事業者制度の目的について**

指定給水装置工事事業者の制度は、給水装置をその構造及び材質の基準に適合させることを目的としているので、既に構造・材質の適合が不明なものでも需要者が立証すること等により基準に適合しているときには、給水拒否等の措置を解除することとしている。→設問(4)

給水装置の構造及び性能

4 - 1 給水装置の構造及び材質の基準

4-2 耐圧性能基準

6 給水装置の構造及び材質の基準に関する次の記述のうち、<u>不適当なものはど</u><u>れか</u>。

(1) 最終の止水機構の流出側に設置される給水用具は、高水圧が加わらないことなどから耐圧性能基準の適用対象から除外されている。

(2) パッキンを水圧で圧縮することにより水密性を確保する構造の給水用具は、耐圧性能試験により 0.74 メガパスカルの静水圧を 1 分間加えて異常が生じないこととされている。

(3) 給水装置は、厚生労働大臣が定める耐圧に関する試験により 1.75 メガパスカルの静水圧を 1 分間加えたとき、水漏れ、変形、破損その他の異常を生じないこととされている。

(4) 家屋の主配管は、配管の経路について構造物の下の通過を避けること等により漏水時の修理を容易に行うことができるようにしなければならない。

【R2・問題 21】

6 正解 (2)

(1) ○

(2) ×　　パッキンを水圧で圧縮することにより水密性を確保する構造の給水用具は、耐圧性能試験により **1.75 メガパスカル** の静水圧を１分間加えて異常が生じないこととされている。

(3) ○

(4) ○

Important **POINT**

☑ **パッキンを水圧で圧縮する給水用具**

　Ｏリングのように、パッキンを水圧で圧縮することにより水密性を確保する構造の給水用具は、耐圧性能試験により 1.75 メガパスカルの静水圧を１分間加えるとともに、耐圧性能試験により 20 キロパスカルの静水圧を１分間加えて、異常が生じないこととされている。→設問(2)

4-2　耐圧性能基準

7　給水装置の構造及び材質の基準に定める耐圧に関する基準（以下、本問においては「耐圧性能基準」という。）及び厚生労働大臣が定める耐圧に関する試験（以下、本問においては「耐圧性能試験」という。）に関する次の記述のうち、**不適当なもの**はどれか。

(1)　給水装置は、耐圧性能試験により1.75メガパスカルの静水圧を1分間加えたとき、水漏れ、変形、破損その他の異常を生じないこととされている。

(2)　耐圧性能基準の適用対象は、原則としてすべての給水管及び給水用具であるが、大気圧式バキュームブレーカ、シャワーヘッド等のように最終の止水機構の流出側に設置される給水用具は、高水圧が加わらないことなどから適用対象から除外されている。

(3)　加圧装置は、耐圧性能試験により1.75メガパスカルの静水圧を1分間加えたとき、水漏れ、変形、破損その他の異常を生じないこととされている。

(4)　パッキンを水圧で圧縮することにより水密性を確保する構造の給水用具は、耐圧性能試験により1.75メガパスカルの静水圧を1分間加えたとき、水漏れ、変形、破損その他の異常を生じない性能を有するとともに、20キロパスカルの静水圧を1分間加えたとき、水漏れ、変形、破損その他の異常を生じないこととされている。

【R1・問題21】

7 　**正解** (3)

(1) 　○

(2) 　○

(3) 　×　　加圧装置は、耐圧性能試験により**当該加圧装置の最大吐出圧力**の静水圧を 1 分間加えたとき、水漏れ、変形、破損その他の異常を生じないこととされている。

(4) 　○

Important *POINT*

☑**配管工事後の耐圧試験**

　配管工事後の耐圧試験は、基準省令において「給水装置の接合箇所は、水圧に対する十分な耐力を確保する適切な接合が行われているものでなければならない」とある。

　耐圧試験の止水栓や分水栓の耐圧性能は、弁を「開」状態にしたときの性能であって、耐圧試験は止水性能を確認する試験ではない。

　新設工事の場合は、適正な施工の確保の観点から、配管や接合部の施工が確実に行われたかを確認するため、試験水圧 1.75 MPa を 1 分間保持する水圧検査を実施することが望ましいとされている。→設問(1)

　水道事業者が「当該地域内の夜間を通した 1 日の間の最大水圧に安全を考慮した圧力を加えた水圧を試験水圧にするなど」、実情を考慮し、試験水圧を定めることができるとしている。

4-3 水撃限界性能基準

8 給水用具の水撃防止に関する次の記述の 内に入る語句の組み合わせのうち、**適当なものはどれか。**

水栓その他水撃作用を生じるおそれのある給水用具は、厚生労働大臣が定める水撃限界に関する試験により当該給水用具内の流速を ア 毎秒又は当該給水用具内の動水圧を イ とする条件において給水用具の止水機構の急閉止（閉止する動作が自動的に行われる給水用具にあっては、自動閉止）をしたとき、その水撃作用により上昇する圧力が ウ 以下である性能を有するものでなければならない。ただし、当該給水用具の エ に近接してエアチャンバーその他の水撃防止器具を設置すること等により適切な水撃防止のための措置が講じられているものにあっては、この限りでない。

	ア	イ	ウ	エ
(1)	2 m	1.5 kPa	1.5 MPa	上流側
(2)	3 m	1.5 kPa	0.75 MPa	下流側
(3)	2 m	0.15 MPa	1.5 MPa	上流側
(4)	2 m	1.5 kPa	0.75 MPa	下流側
(5)	3 m	0.15 MPa	1.5 MPa	上流側

【R5・問題24】

8 正解 （3）

（3） 2 m　　0.15 MPa　　1.5 MPa　　上流側

　水栓その他水撃作用を生じるおそれのある給水用具は、厚生労働大臣が定める水撃限界に関する試験により当該給水用具内の流速を**2 m**毎秒又は当該給水用具内の動水圧を**0.15 MPa**とする条件において給水用具の止水機構の急閉止（閉止する動作が自動的に行われる給水用具にあっては、自動閉止）をしたとき、その水撃作用により上昇する圧力が**1.5 MPa**以下である性能を有するものでなければならない。ただし、当該給水用具の**上流側**に近接してエアチャンバーその他の水撃防止器具を設置すること等により適切な水撃防止のための措置が講じられているものにあっては、この限りでない。

4-3　水撃限界性能基準

9　給水装置の水撃限界性能基準に関する次の記述のうち、**不適当なものはどれか。**

(1)　水撃限界性能基準は、水撃作用により給水装置に破壊等が生じることを防止するためのものである。

(2)　水撃作用とは、止水機構を急に閉止した際に管路内に生じる圧力の急激な変動作用をいう。

(3)　水撃限界性能基準は、水撃発生防止仕様の給水用具であるか否かを判断する基準であり、水撃作用を生じるおそれのある給水用具はすべてこの基準を満たしていなければならない。

(4)　水撃限界性能基準の適用対象の給水用具には、シングルレバー式水栓、ボールタップ、電磁弁（電磁弁内蔵の全自動洗濯機、食器洗い機等）、元止め式瞬間湯沸器がある。

(5)　水撃限界に関する試験により、流速 2 メートル毎秒又は動水圧を 0.15 メガパスカルとする条件において給水用具の止水機構の急閉止をしたとき、その水撃作用により上昇する圧力が 1.5 メガパスカル以下である性能を有する必要がある。

【R3・問題 21】

9 正解 (3)

(1) ○

(2) ○

(3) × 　水撃限界性能基準は、水撃発生防止仕様の給水用具であるか否かを判断する基準であり、水撃作用を生じるおそれのある給水用具はすべてこの基準を満たしていなければならない**わけではない**。

(4) ○

(5) ○

Important *POINT*

☑水撃限界性能基準

　水撃作用を生じるおそれがあり、この基準を満たしていない給水用具を設置する場合は、その上流側に近接してエアチャンバーその他の水撃防止器具を設置する等の措置を講じることとされている。→設問(3)

4-4　逆流防止性能基準

 10　下図のように、呼び径 25 mmの給水管からボールタップを通して水槽に給水している。この水槽を利用するときの確保すべき吐水口空間に関する次の記述のうち、適当なものはどれか。

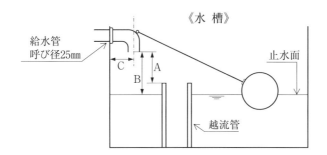

(1)　距離Aを 40 mm以上、距離Cを 40 mm以上確保する。
(2)　距離Bを 40 mm以上、距離Cを 40 mm以上確保する。
(3)　距離Aを 50 mm以上、距離Cを 50 mm以上確保する。
(4)　距離Bを 50 mm以上、距離Cを 50 mm以上確保する。

【R5・問題 27】

10 正解 （3）

（3） 距離 A を 50 ㎜以上、距離 C を 50 ㎜以上確保する。

Important *POINT*

☑吐水口空間の基準

■呼び径 φ 25 ㎜以下の場合

　近接壁から吐水口の中心までの水平距離は B_1、越流面から吐水口の最下端までの垂直距離は A と基準で定められている。また、呼び径が 13 ㎜を超え 20 ㎜以下についても、B_1 と A の数値は基準で定められている。

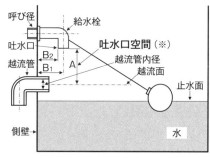

（横取出し越流管）

呼び径の区分	近接壁から吐水口の中心までの水平距離 B_1	越流面から吐水口の最下端までの垂直距離 A（※）
13 ㎜以下	25 ㎜以上	25 ㎜以上
13 ㎜を超え 20 ㎜以下	40 ㎜以上	40 ㎜以上
20 ㎜を超え 25 ㎜以下	50 ㎜以上（→設問(3)）	50 ㎜以上（→設問(3)）

4-4　逆流防止性能基準

11　逆流防止に関する次の記述の正誤の組み合わせのうち、<u>適当なもの</u>はどれか。

ア　圧力式バキュームブレーカは、バキュームブレーカに逆圧（背圧）がかかるところにも設置できる。

イ　減圧式逆流防止器は、逆止弁に比べ損失水頭が大きいが、逆流防止に対する信頼性は高い。しかしながら、構造が複雑であり、機能を良好に確保するためにはテストコックを用いた定期的な性能確認及び維持管理が必要である。

ウ　吐水口と水を受ける水槽の壁とが近接していると、壁に沿った空気の流れにより壁を伝わって水が逆流する。

エ　逆流防止性能を失った逆止弁は二次側から逆圧がかかると一次側に逆流が生じる。

	ア	イ	ウ	エ
(1)	正	誤	誤	正
(2)	誤	正	正	正
(3)	誤	正	正	誤
(4)	正	誤	正	誤

【R5・問題 28】

12　呼び径 20 mm の給水管から水受け容器に給水する場合、逆流防止のために確保しなければならない吐水口空間について、下図に示す水平距離（A、B）と垂直距離（C、D）の組み合わせのうち、<u>適当なもの</u>はどれか。

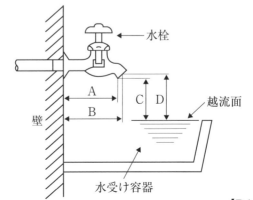

(1)　A、C
(2)　A、D
(3)　B、C
(4)　B、D

【R4・問題 27】

11 正解 (2)

ア 誤 　圧力式バキュームブレーカは、バキュームブレーカに逆圧（背圧）が**かからないところに**設置できる。

イ 正

ウ 正

エ 正

12 正解 (3)

(3) B、C

Important **POINT**

☑**吐水口空間の基準**

　Chapter4　まとめ【吐水口空間の基準】一番上の図（a）水受け容器（P195）を参照。

4-4　逆流防止性能基準

13　給水装置の逆流防止のために圧力式バキュームブレーカを図のように設置する場合、バキュームブレーカの下端から確保しなければならない区間とその距離との組み合わせのうち、適当なものはどれか。

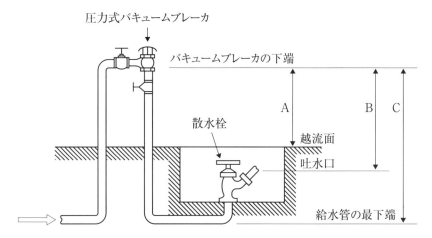

	［確保しなければならない区間］	［確保しなければならない距離］
(1)	A	100 mm以上
(2)	A	150 mm以上
(3)	B	150 mm以上
(4)	B	200 mm以上
(5)	C	200 mm以上

【R4・問題29】

13　正解　(2)

(2)　A　150 mm以上

Important *POINT*

☑**給水装置のシステム基準**

　Chapter4　まとめ「2.給水装置のシステム基準　(5) 逆流防止［基準省令に係る事項］②」（P193、下から7行目）を参照。

4-4 逆流防止性能基準

14 給水用具の逆流防止性能基準に関する次の記述の 内に入る数値の組み合わせのうち、**適当なもの**はどれか。

減圧式逆流防止器の逆流防止性能基準は、厚生労働大臣が定める逆流防止に関する試験により ア キロパスカル及び イ メガパスカルの静水圧を ウ 分間加えたとき、水漏れ、変形、破損その他の異常を生じないとともに、厚生労働大臣が定める負圧破壊に関する試験により流入側からマイナス エ キロパスカルの圧力を加えたとき、減圧式逆流防止器に接続した透明管内の水位の上昇が3ミリメートルを超えないこととされている。

	ア	イ	ウ	エ
(1)	3	1.5	5	54
(2)	5	3	5	5
(3)	3	1.5	1	54
(4)	5	1.5	5	5
(5)	3	3	1	54

【R3・問題22】

15 給水装置の逆流防止に関する次の記述のうち、**不適当なもの**はどれか。

(1) バキュームブレーカの下端又は逆流防止機能が働く位置と水受け容器の越流面との間隔を100 ㎜以上確保する。

(2) 吐水口を有する給水装置から浴槽に給水する場合は、越流面からの吐水口空間は50 ㎜以上を確保する。

(3) 吐水口を有する給水装置からプールに給水する場合は、越流面からの吐水口空間は200 ㎜以上を確保する。

(4) 減圧式逆流防止器は、構造が複雑であり、機能を良好な状態に確保するためにはテストコックを用いた定期的な性能確認及び維持管理が必要である。

(5) ばね式、リフト式、スイング式逆止弁は、シール部分に鉄さび等の夾雑物が挟まったり、また、パッキン等シール材の摩耗や劣化により逆流防止性能を失うおそれがある。

【R3・問題28】

14 正解 （3）

ア　3
イ　1.5
ウ　1
エ　54

　　減圧式逆流防止器の逆流防止性能基準は、厚生労働大臣が定める逆流防止に関する試験により **3** キロパスカル及び **1.5** メガパスカルの静水圧を **1** 分間加えたとき、水漏れ、変形、破損その他の異常を生じないとともに、厚生労働大臣が定める負圧破壊に関する試験により流入側からマイナス **54** キロパスカルの圧力を加えたとき、減圧式逆流防止器に接続した透明管内の水位の上昇が3ミリメートルを超えないこととされている。

15 正解 （1）

(1)　×　　バキュームブレーカの下端又は逆流防止機能が働く位置と水受け容器の越流面との間隔を **150 ㎜** 以上確保する。

(2)　○
(3)　○
(4)　○
(5)　○

4-5　負圧破壊性能基準

 16　給水装置の負圧破壊性能基準に関する次の記述の正誤の組み合わせのうち、適当なものはどれか。

ア　水受け部と吐水口が一体の構造であり、かつ水受け部の越流面と吐水口の間が分離されていることにより水の逆流を防止する構造の給水用具は、負圧破壊性能試験により流入側からマイナス 20 kPa の圧力を加えたとき、吐水口から水を引き込まないこととされている。

イ　バキュームブレーカとは、器具単独で販売され、水受け容器からの取付け高さが施工時に変更可能なものをいう。

ウ　バキュームブレーカは、負圧破壊性能試験により流入側からマイナス 20kPa の圧力を加えたとき、バキュームブレーカに接続した透明管内の水位の上昇が 75 ㎜を超えないこととされている。

エ　負圧破壊装置を内部に備えた給水用具とは、製品の仕様として負圧破壊装置の位置が施工時に変更可能なものをいう。

	ア	イ	ウ	エ
(1)	誤	正	誤	正
(2)	誤	正	誤	誤
(3)	誤	誤	誤	正
(4)	正	誤	正	誤
(5)	正	誤	正	正

【R4・問題 22】

16 　**正解** (2)

ア　誤　　水受け部と吐水口が一体の構造であり、かつ水受け部の越流面と吐水口の間が分離されていることにより水の逆流を防止する構造の給水用具は、負圧破壊性能試験により流入側から**マイナス 54 kPa** の圧力を加えたとき、吐水口から水を引き込まないこととされている。

イ　正

ウ　誤　　バキュームブレーカは、負圧破壊性能試験により流入側から**マイナス 54 kPa** の圧力を加えたとき、バキュームブレーカに接続した透明管内の水位の上昇が 75 ㎜を超えないこととされている。

エ　誤　　負圧破壊装置を内部に備えた給水用具とは、製品の仕様として負圧破壊装置の位置が**一定に固定されている**ものをいう。

4-6 耐久性能基準

17 給水装置の耐久性能基準に関する次の記述のうち、**不適当なものはどれか。**

(1) 耐久性能基準は、制御弁類のうち機械的・自動的に頻繁に作動し、かつ通常消費者が自らの意思で選択し、又は設置・交換できるような弁類に適用する。

(2) 弁類は、耐久性能試験により10万回の開閉操作を繰り返す。

(3) 耐久性能基準の適用対象は、弁類単体として製造・販売され、施工時に取付けられるものに限ることとする。

(4) ボールタップについては、通常故障が発見しやすい箇所に設置されており、耐久性能基準の適用対象にしないこととしている。

【R5・問題23】

17 正解 (1)

(1) ×　耐久性能基準は、制御弁類のうち機械的・自動的に頻繁に作動し、かつ通常消費者が自らの意思で選択し、又は設置・交換<u>できない</u>ような弁類に適用する。

(2) ○

(3) ○

(4) ○

Important **POINT**

☑**耐久性能基準**

　Chapter4　まとめ「1.給水管及び給水用具の性能基準　(7)耐久性能基準」（P191）を参照。

4-7　耐寒性能基準

18　給水装置の構造及び材質の基準に定める耐寒性能基準及び耐寒性能試験に関する次の記述の正誤の組み合わせのうち、**適当なものはどれか。**

ア　耐寒性能基準は、寒冷地仕様の給水用具か否かの判断基準であり、凍結のおそれがある場所において設置される給水用具はすべてこの基準を満たしていなければならない。

イ　凍結のおそれがある場所に設置されている給水装置のうち弁類の耐寒性能試験では、零下 20 ℃プラスマイナス 2 ℃の温度で 1 時間保持した後に通水したとき、当該給水装置に係る耐圧性能、水撃限界性能、逆流防止性能及び負圧破壊性能を有するものであることを確認する必要がある。

ウ　低温に暴露した後確認すべき性能基準項目から浸出性能を除いたのは、低温暴露により材質等が変化することは考えられず、浸出性能に変化が生じることはないと考えられることによる。

エ　耐寒性能基準においては、凍結防止の方法は水抜きに限定している。

	ア	イ	ウ	エ
(1)	正	正	誤	誤
(2)	誤	誤	正	正
(3)	誤	誤	正	誤
(4)	正	誤	誤	正
(5)	誤	正	正	誤

【R3・問題 23】

18 正解 （5）

ア 誤 耐寒性能基準は、寒冷地仕様の給水用具か否かの判断基準であり、凍結のおそれがある場所において設置される給水用具はすべてこの基準を満たしていなければならない**わけではない**。

イ 正

ウ 正

エ 誤 耐寒性能基準においては、凍結防止の方法は水抜きに限定<u>していない</u>。

Important *POINT*

☑**耐寒性能基準**

①耐寒性能基準は寒冷地仕様の給水用具か否かの判断基準である。凍結のおそれがある場所においてこの基準を満たしていない給水用具を設置する場合は、別途、断熱材で被覆する等の凍結防止措置を講じなければならない。
→設問ア

②構造が複雑で水抜きが必ずしも容易でない給水用具等においては、例えば通水時にヒーターで加熱する等、種々の凍結防止方法の選択肢が考えられることから、水抜きに限定していない。→設問エ

4-7 耐寒性能基準

19 給水装置の耐寒に関する基準に関する次の記述において、□□□内に入る数値の組み合わせのうち、**正しいものはどれか**。

屋外で気温が著しく低下しやすい場所その他凍結のおそれのある場所に設置されている給水装置のうち、減圧弁、逃し弁、逆止弁、空気弁及び電磁弁にあっては、厚生労働大臣が定める耐久に関する試験により ア 万回の開閉操作を繰り返し、かつ、厚生労働大臣が定める耐寒に関する試験により イ 度プラスマイナス ウ 度の温度で エ 時間保持した後通水したとき、当該給水装置に係る耐圧性能、水撃限界性能、逆流防止性能及び負圧破壊性能を有するものでなければならないとされている。

	ア	イ	ウ	エ
(1)	1	0	5	1
(2)	1	− 20	2	2
(3)	10	− 20	2	1
(4)	10	0	2	2
(5)	10	0	5	1

【R2・問題27】

19　正解　(3)

ア　　10
イ　－20
ウ　　2
エ　　1

　屋外で気温が著しく低下しやすい場所その他凍結のおそれのある場所に設置されている給水装置のうち、減圧弁、逃し弁、逆止弁、空気弁及び電磁弁にあっては、厚生労働大臣が定める耐久に関する試験により**10**万回の開閉操作を繰り返し、かつ、厚生労働大臣が定める耐寒に関する試験により**－20**度プラスマイナス**2**度の温度で**1**時間保持した後通水したとき、当該給水装置に係る耐圧性能、水撃限界性能、逆流防止性能及び負圧破壊性能を有するものでなければならないとされている。

4-7 耐寒性能基準

20 　給水装置の構造及び材質の基準に定める耐寒に関する基準（以下、本問においては「耐寒性能基準」という。）及び厚生労働大臣が定める耐寒に関する試験（以下、本問においては「耐寒性能試験」という。）に関する次の記述のうち、**不適当なもの**はどれか。

(1)　耐寒性能基準は、寒冷地仕様の給水用具か否かの判断基準であり、凍結のおそれがある場所において設置される給水用具はすべてこの基準を満たしていなければならないわけではない。

(2)　凍結のおそれがある場所に設置されている給水装置のうち弁類にあっては、耐寒性能試験により零下 20 度プラスマイナス 2 度の温度で 24 時間保持したのちに通水したとき、当該給水装置に係る耐圧性能、水撃限界性能、逆流防止性能及び負圧破壊性能を有するものでなければならない。

(3)　低温に暴露した後確認すべき性能基準項目から浸出性能を除いたのは、低温暴露により材質等が変化することは考えられず、浸出性能に変化が生じることはないと考えられることによる。

(4)　耐寒性能基準においては、凍結防止の方法は水抜きに限定しないこととしている。

【R1・問題 29】

20 　**正解** (2)

(1) 　○

(2) 　×　　凍結のおそれがある場所に設置されている給水装置のうち弁類にあっては、耐寒性能試験により零下 20 度プラスマイナス 2 度の温度で **1 時間**保持したのちに通水したとき、当該給水装置に係る耐圧性能、水撃限界性能、逆流防止性能及び負圧破壊性能を有するものでなければならない。

(3) 　○

(4) 　○

給水装置の構造及び性能

4 - 7 　耐寒性能基準

4-8　浸出性能基準

 21　次のうち、通常の使用状態において、給水装置の浸出性能基準の適用対象外となる給水用具として、適当なものはどれか。

(1)　洗面所の水栓

(2)　ふろ用の水栓

(3)　継手類

(4)　バルブ類

【R5・問題 22】

21 正解 （2）

(1)　×

(2)　○　　ふろ用の水栓

(3)　×

(4)　×

Important **POINT**

☑浸出性能基準の適用対象

　適用対象は、通常の使用状態において飲用に供する水が接触する可能性のある給水管及び給水用具に限定される。

	区分	適用対象の器具例	適用対象外の器具例
ア		給水管	
イ	末端給水用具以外の給水用具	①継手類 ②バルブ類 ③受水槽用ボールタップ ④先止め式瞬間湯沸器及び貯湯湯沸器	
ウ	末端給水用具	①台所用、洗面所等の水栓 ②元止め式瞬間湯沸器及び貯蔵湯沸器 ③浄水器、自動販売機、冷水機	①ふろ用、洗髪用、食器洗浄機用等の水栓→設問(2) ②洗浄弁、洗浄便座、散水栓 ③水洗便器のロータンク用ボールタップ ④ふろ給湯専用の給湯器及びふろがま ⑤食器洗い機

4-8　浸出性能基準

22　給水装置の浸出性能基準に関する次の記述の正誤の組み合わせのうち、<u>適当なものはどれか</u>。

ア　浸出性能基準は、給水装置から金属等が浸出し、飲用に供される水が汚染されることを防止するためのものである。

イ　金属材料の浸出性能試験は、最終製品で行う器具試験のほか、部品試験や材料試験も選択することができる。

ウ　浸出性能基準の適用対象外の給水用具の例として、ふろ用の水栓、洗浄便座、ふろ給湯専用の給湯機があげられる。

エ　営業用として使用される製氷機は、給水管との接続口から給水用具内の水受け部への吐水口までの間の部分について評価を行えばよい。

```
     ア    イ    ウ    エ
(1)  正    正    誤    正
(2)  正    誤    正    正
(3)  誤    誤    誤    正
(4)  正    正    正    誤
(5)  誤    正    誤    誤
```

【R2・問題23】

22　正解　(2)

ア　正

イ　誤　　金属材料の浸出性能試験については、材料試験<u>を行うことができない</u>。

ウ　正

エ　正

 Important **POINT**

☑**浸出性能試験**

　浸出性能試験としては、最終製品で行う器具試験のほか、部品試験や材料試験も選択できる。ただし、金属材料については材料試験を行うことはできない。金属の場合は、最終製品と同じ材質を用いても、表面加工方法、冷却方法等が異なると金属等の浸出量が大きく異なるとされているためである。→設問イ

4-9 給水管及び給水用具の性能基準

23 　給水管及び給水用具の耐圧、浸出以外に適用される性能基準に関する次の組み合わせのうち、<u>適当なもの</u>はどれか。

(1) 給水管：耐久、耐寒、逆流防止
(2) 継　手：耐久、耐寒、逆流防止
(3) 浄水器：耐寒、逆流防止、負圧破壊
(4) 逆止弁：耐久、逆流防止、負圧破壊

【R3・問題 20】

23 正解 （4）

(1) × 給水管：~~耐久~~、~~耐寒~~、~~逆流防止~~

(2) × 継 手：~~耐久~~、~~耐寒~~、~~逆流防止~~

(3) × 浄水器：~~耐寒~~、逆流防止、~~負圧破壊~~

(4) ○

Important *POINT*

☑給水管及び給水用具に適用される性能基準

給水管及び給水用具	性能基準	耐圧	浸出	水撃限界	逆流防止	負圧破壊	耐寒	耐久
給水管 （→設問(1)）		◎	◎	－	－	－	－	－
給水栓・ボールタップ	飲 用	◎	◎	◎	○	○	○	－
	飲用以外	◎	－	◎	○	○	○	－
バルブ		◎	◎	○	－	－	○	○
継手 （→設問(2)）		◎	◎	－	－	－	○	○
浄水器 （→設問(3)）		◎	◎	－	○	○	－	－
湯沸器	飲 用	◎	◎	○	○	○	－	－
	飲用以外	◎	－	○	○	○	－	－
逆止弁 （→設問(4)）		◎	◎	－	◎	○	－	◎
ユニット化装置（流し台、洗面台、浴槽、便器等）	飲用	◎	◎	○	○	○	－	－
	飲用以外	◎	－	○	○	○	－	－
自動食器洗い機、ウォータークーラー、洗浄便座等		◎	○	○	○	○	○	－

〈凡例〉 ◎…適用される性能基準
○…給水用具の種類、設置場所により適用される性能基準

4-10　侵食防止（システム基準）

24　金属管の侵食に関する次の記述の正誤の組み合わせのうち、<u>適当なものはど</u>
<u>れか</u>。

ア　自然侵食のうち、マクロセル侵食とは、埋設状態にある金属材質、土壌、
　　乾湿、通気性、pH値、溶解成分の違い等の異種環境での電池作用による侵食
　　である。

イ　鉄道、変電所等に近接して埋設されている場合に、漏洩電流による電気分
　　解作用により侵食を受ける。このとき、電流が金属管に流入する部分に侵食
　　が起きる。

ウ　地中に埋設した鋼管が部分的にコンクリートと接触している場合、アルカ
　　リ性のコンクリートに接している部分の電位が、接していない部分より低く
　　なって腐食電池が形成され、コンクリートに接触している部分が侵食される。

エ　侵食の防止対策の一つである絶縁接続法とは、管路に電気的絶縁継手を挿
　　入して、管の電気的抵抗を大きくし、管に流出入する漏洩電流を減少させる
　　方法である。

```
　　　　　ア　　イ　　ウ　　エ
(1)　　　正　　誤　　正　　誤
(2)　　　誤　　正　　正　　誤
(3)　　　正　　誤　　誤　　正
(4)　　　誤　　正　　誤　　正
```

【R5・問題25】

24 正解 （3）

ア　正

イ　誤　　鉄道、変電所等に近接して埋設されている場合に、漏洩電流による
　　　　電気分解作用により侵食を受ける。このとき、電流が金属管に**流出**す
　　　　る部分に侵食が起きる。

ウ　誤　　地中に埋設した鋼管が部分的にコンクリートと接触している場合、
　　　　アルカリ性のコンクリートに接している部分の電位が、接していない
　　　　部分より**高く**なって腐食電池が形成され、コンクリートに接触してい
　　　　る部分が侵食される。

エ　正

Important *POINT*

☑金属管の侵食
■侵食の種類

■電気侵食（電食）

　金属管が鉄道、変電所等に近接して埋設されている場合に、漏洩電流によ
る電気分解作用により侵食を受ける。→設問イ

■自然侵食

　マクロセル侵食とミクロセル侵食がある。

　**マクロセル侵食とは、埋設状態にある金属材質、土壌、乾湿、通気性、pH、
溶解成分の違い等の異種環境での電池作用による侵食である。**→設問ア

　ミクロセル侵食とは、腐食性の高い土壌、バクテリアによる侵食である。

4-10 侵食防止（システム基準）

25 金属管の侵食に関する次の記述のうち、**不適当なもの**はどれか。

(1) マクロセル侵食とは、埋設状態にある金属材質、土壌、乾湿、通気性、pH、溶解成分の違い等の異種環境での電池作用による侵食をいう。

(2) 金属管が鉄道、変電所等に近接して埋設されている場合に、漏洩電流による電気分解作用により侵食を受ける。このとき、電流が金属管から流出する部分に侵食が起きる。

(3) 通気差侵食は、土壌の空気の通りやすさの違いにより発生するものの他に、埋設深さの差、湿潤状態の差、地表の遮断物による通気差が起因して発生するものがある。

(4) 地中に埋設した鋼管が部分的にコンクリートと接触している場合、アルカリ性のコンクリートに接していない部分の電位が、コンクリートと接触している部分より高くなって腐食電池が形成され、コンクリートと接触している部分が侵食される。

(5) 埋設された金属管が異種金属の管や継手、ボルト等と接触していると、自然電位の低い金属と自然電位の高い金属との間に電池が形成され、自然電位の低い金属が侵食される。

【R3・問題26】

25 　正解　(4)

(1) 　○

(2) 　○

(3) 　○

(4) 　×　　地中に埋設した鋼管が部分的にコンクリートと接触している場合、アルカリ性のコンクリートに接していない部分の電位が、コンクリートと接触している部分より高くなって腐食電池が形成され、コンクリートと接触して**いない**部分が侵食される。

(5) 　○

Important **POINT**

☑ **コンクリート / 土壌系による侵食**→設問(4)

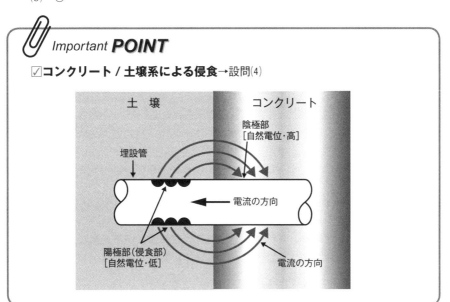

4-11　水の汚染防止（システム基準）

26　水道水の汚染防止に関する次の記述のうち、<u>不適当なもの</u>はどれか。

(1)　末端部が行き止まりとなる給水装置は、停滞水が生じ、水質が悪化するおそれがあるため極力避ける。やむを得ず行き止まり管となる場合は、末端部に排水機構を設置する。

(2)　合成樹脂管をガソリンスタンド、自動車整備工場等に埋設配管する場合は、油分などの浸透を防止するため、さや管などにより適切な防護措置を施す。

(3)　一時的、季節的に使用されない給水装置には、給水管内に長期間水の停滞を生じることがあるため、適量の水を適時飲用以外で使用することにより、その水の衛生性を確保する。

(4)　給水管路に近接してシアン、六価クロム等の有毒薬品置場、有害物の取扱場、汚水槽等の汚染源がある場合は、給水管をさや管などにより適切に保護する。

(5)　洗浄弁、洗浄装置付便座、ロータンク用ボールタップは、浸出性能基準の適用対象外の給水用具である。

【R4・問題24】

27　水の汚染防止に関する次の記述のうち、<u>不適当なもの</u>はどれか。

(1)　配管接合用シール材又は接着剤等は水道用途に適したものを使用し、接合作業において接着剤、切削油、シール材等の使用量が不適当な場合、これらの物質が水道水に混入し、油臭、薬品臭等が発生する場合があるので必要最小限の材料を使用する。

(2)　末端部が行き止まりの給水装置は、停滞水が生じ、水質が悪化するおそれがあるため極力避ける。やむを得ず行き止まり管となる場合は、末端部に排水機構を設置する。

(3)　洗浄弁、洗浄装置付便座、水洗便器のロータンク用ボールタップは、浸出性能基準の適用対象となる給水用具である。

(4)　一時的、季節的に使用されない給水装置には、給水管内に長期間水の停滞を生じることがあるため、まず適量の水を飲用以外で使用することにより、その水の衛生性を確保する。

(5)　分岐工事や漏水修理等で鉛製給水管を発見した時は、速やかに水道事業者に報告する。

【R3・問題25】

26　　正解　(4)

(1)　○

(2)　○

(3)　○

(4)　×　　給水管路に近接してシアン、六価クロム等の有毒薬品置場、有害物の取扱場、汚水槽等の汚染源がある場合は、**その影響のないところまで離して配管する**。

(5)　○

27　　正解　(3)

(1)　○

(2)　○

(3)　×　　洗浄弁、洗浄装置付便座、水洗便器のロータンク用ボールタップは、浸出性能基準の**適用対象外**となる給水用具である。

(4)　○

(5)　○

Important *POINT*

☑浸出性能基準の適応対象

　通常状態において、飲用に供する水が接触する可能性のある給水管及び給水用具に限定される。具体的には、給水管、末端給水用具以外の給水用具（継手、バルブ類等）、飲用に供する水を供給する末端給水用具が対象である。

→設問(3)

4-12 クロスコネクション（システム基準）

28 クロスコネクションに関する次の記述の正誤の組み合わせのうち、<u>適当なものはどれか</u>。

ア　クロスコネクションは、水圧状況によって給水装置内に工業用水、排水、井戸水等が逆流するとともに、配水管を経由して他の需要者にまでその汚染が拡大する非常に危険な配管である。

イ　給水管と井戸水配管を直接連結する場合は、逆流を防止する逆止弁の設置が必要である。

ウ　給水装置と受水槽以下の配管との接続もクロスコネクションである。

エ　一時的な仮設として、給水管と給水管以外の配管を直接連結する場合は、水道事業者の承認を受けなければならない。

	ア	イ	ウ	エ
(1)	正	正	誤	誤
(2)	誤	誤	正	正
(3)	正	誤	誤	正
(4)	誤	正	誤	正
(5)	正	誤	正	誤

【R5・問題 26】

28　正解　(5)

ア　正

イ　誤　　給水管と井戸水配管を直接連結する**ことは絶対行ってはならない**。

ウ　正

エ　誤　　一時的な仮設として、給水管と給水管以外の配管を直接連結する**こ
とは絶対行ってはならない**。

4-12 クロスコネクション(システム基準)

29 クロスコネクション及び水の汚染防止に関する次の記述の正誤の組み合わせのうち、**適当なものはどれか。**

ア 給水装置と受水槽以下の配管との接続はクロスコネクションではない。

イ 給水装置と当該給水装置以外の水管、その他の設備とは、仕切弁や逆止弁が介在しても、また、一時的な仮設であってもこれらを直接連結してはならない。

ウ シアンを扱う施設に近接した場所があったため、鋼管を使用して配管した。

エ 合成樹脂管は有機溶剤などに侵されやすいので、そのおそれがある箇所には使用しないこととし、やむを得ず使用する場合は、さや管などで適切な防護措置を施す。

	ア	イ	ウ	エ
(1)	誤	正	誤	正
(2)	誤	正	正	誤
(3)	正	正	誤	誤
(4)	誤	誤	正	正
(5)	正	誤	誤	正

【R3・問題 24】

29 正解 （1）

ア　誤　　給水装置と受水槽以下の配管との接続はクロスコネクションで<u>ある</u>。

イ　正

ウ　誤　　シアンを扱う施設に近接した場所があったため、**その影響のないところまで離して**配管した。

エ　正

 Important **POINT**

☑クロスコネクション（誤接合）

　水道法施行令第 6 条第 1 項第六号に「当該給水装置以外の水管その他の設備に直接連結されていないこと。」とあり、給水管を他の管、設備又は施設に誤って接合することをクロスコネクション（誤接合）という。一時的に逆止弁を設置しても接続してはならない。

　給水装置と誤接合されやすい配管は、①井戸水・工業用水・再生利用水の配管、②**受水槽以下の配管**（→設問ア）、③プール・浴場等の循環用の配管、④水道水以外の給湯配管、⑤水道水以外のスプリンクラー配管、⑥ポンプの呼び水配管、⑦雨水管、⑧冷凍機の冷却水配管、⑨その他の雑水管等、である。

☑給水管路の途中に汚染源がある場合

　給水管路の途中に有毒薬品置場、有毒物の取扱場、汚水槽等の汚染源がある場合は、給水管等が破損した際に有毒物や汚物が水道水に混入するおそれがあるので、その影響のないところまで離して配管する。→設問ウ

4-13 耐圧試験と水撃防止（システム基準）

30 水撃作用の防止に関する次の記述の正誤の組み合わせのうち、**適当なものはどれか。**

ア 水撃作用が発生するおそれのある箇所には、その直後に水撃防止器具を設置する。

イ 水栓、電磁弁、元止め式瞬間湯沸器は作動状況によっては、水撃作用が生じるおそれがある。

ウ 空気が抜けにくい鳥居配管がある管路は水撃作用が発生するおそれがある。

エ 給水管の水圧が高い場合は、減圧弁、定流量弁等を設置し、給水圧又は流速を下げる。

```
        ア    イ    ウ    エ
(1)    誤    正    正    正
(2)    正    誤    正    誤
(3)    正    正    誤    正
(4)    誤    正    正    誤
(5)    誤    正    誤    正
```

【R4・問題25】

31 配管工事後の耐圧試験に関する次の記述のうち、**不適当なものはどれか。**

(1) 配管工事後の耐圧試験の水圧は、水道事業者が給水区域内の実情を考慮し、定めることができる。

(2) 給水装置の接合箇所は、水圧に対する充分な耐力を確保するためにその構造及び材質に応じた適切な接合が行われているものでなければならない。

(3) 水道用ポリエチレン二層管、水道給水用ポリエチレン管、架橋ポリエチレン管、ポリブテン管の配管工事後の耐圧試験を実施する際は、管が膨張し圧力が低下することに注意しなければならない。

(4) 配管工事後の耐圧試験を実施する際は、分水栓、止水栓等止水機能のある給水用具の弁はすべて「閉」状態で実施する。

(5) 配管工事後の耐圧試験を実施する際は、加圧圧力や加圧時間を適切な大きさ、長さにしなくてはならない。過大にすると柔軟性のある合成樹脂管や分水栓等の給水用具を損傷するおそれがある。

【R2・問題22】

30 正解 (1)

ア　誤　　水撃作用が発生するおそれのある箇所には、その**手前に接近して**水撃防止器具を設置する。

イ　正

ウ　正

エ　正

Important **POINT**

☑**水撃防止**

　水栓その他水撃作用を生じるおそれのある給水用具は、水撃限界性能を有するものを用いる。ただし、その**上流側に近接してエアチャンバーその他の水撃防止器具を設置する**（→設問ア）こと等により適切な水撃防止のための措置を講じられているものにあっては、このかぎりでない。

31 正解 (4)

(1)　○

(2)　○

(3)　○

(4)　×　　配管工事後の耐圧試験を実施する際は、分水栓、止水栓等止水機能のある給水用具の弁はすべて「**開**」状態で実施する。

(5)　○

4-13 耐圧試験と水撃防止(システム基準)

32 水撃防止に関する次の記述の正誤の組み合わせのうち、<u>適当なもの</u>はどれか。

ア 給水管におけるウォータハンマを防止するには、基本的に管内流速を速くする必要がある。

イ ウォータハンマが発生するおそれのある箇所には、その手前に近接して水撃防止器具を設置する。

ウ 複式ボールタップは単式ボールタップに比べてウォータハンマが発生しやすくなる傾向があり、注意が必要である。

エ 水槽にボールタップで給水する場合は、必要に応じて波立ち防止板等を設置する。

	ア	イ	ウ	エ
(1)	正	誤	正	誤
(2)	誤	正	誤	正
(3)	誤	正	正	誤
(4)	正	誤	誤	正

【R1・問題 23】

32 正解 (2)

ア 誤 　給水管におけるウォータハンマを防止するには、基本的に管内流速を**遅く**する必要がある。

イ 正

ウ 誤 　**単式ボールタップ**は**複式ボールタップ**に比べてウォータハンマが発生しやすくなる傾向があり、注意が必要である。

エ 正

 Important **POINT**

☑ **ウォーターハンマー（水撃作用）が生じるおそれのある給水装置**

■作動状況によってはウォーターハンマーが生じるおそれのある給水用具

①水栓

②ボールタップ

③電磁弁（電磁弁内蔵の給水用具も含む）

④元止め式瞬間湯沸器

■空気が抜けにくい鳥居配管等がある管路

4-14　寒冷地対策（システム基準）

33　凍結深度に関する次の記述の　　　内に入る語句の組み合わせのうち、適当なものはどれか。

凍結深度は、　ア　温度が　イ　になるまでの地表からの深さとして定義され、気象条件の他、　ウ　によって支配される。屋外配管は、凍結深度より　エ　布設しなければならないが、下水道管等の地下埋設物の関係で、やむを得ず凍結深度より　オ　布設する場合、又は擁壁、側溝、水路等の側壁からの離隔が十分に取れない場合等凍結深度内に給水装置を設置する場合は保温材（発泡スチロール等）で適切な防寒措置を講じる。

	ア	イ	ウ	エ	オ
(1)	地中	0 ℃	管の材質	深く	浅く
(2)	管内	− 4 ℃	土質や含水率	浅く	深く
(3)	地中	− 4 ℃	土質や含水率	深く	浅く
(4)	管内	− 4 ℃	管の材質	浅く	深く
(5)	地中	0 ℃	土質や含水率	深く	浅く

【R5・問題 29】

33　　正解　(5)

ア　地中

イ　0℃

ウ　土質や含水率

エ　深く

オ　浅く

　凍結深度は、**地中**温度が**0℃**になるまでの地表からの深さとして定義され、気象条件の他、**土質や含水率**によって支配される。屋外配管は、凍結深度より**深く**布設しなければならないが、下水道管等の地下埋設物の関係で、やむを得ず凍結深度より**浅く**布設する場合、又は擁壁、側溝、水路等の側壁からの離隔が十分に取れない場合等凍結深度内に給水装置を設置する場合は保温材（発泡スチロール等）で適切な防寒措置を講じる。

4-14 寒冷地対策(システム基準)

34 給水装置の寒冷地対策に用いる水抜き用給水用具の設置に関する次の記述の
うち、<u>不適当なものはどれか。</u>

(1) 水道メーター下流側で屋内立上り管の間に設置する。

(2) 排水口は、凍結深度より深くする。

(3) 水抜き用の給水用具以降の配管は、できるだけ鳥居配管やU字形の配管を
避ける。

(4) 排水口は、管内水の排水を容易にするため、直接汚水ます等に接続する。

(5) 水抜き用の給水用具以降の配管が長い場合には、取り外し可能なユニオン、
フランジ等を適切な箇所に設置する。

【R4・問題28】

34 正解 （4）

(1) ○

(2) ○

(3) ○

(4) × 　　排水口は、管内水の排水を容易にするため、**直接汚水ます等に接続せず、間接排水とする**。

(5) ○

Important *POINT*

☑水抜き用給水用具の設置

(1)選定・設置の留意事項

　①給水装置の構造、使用状況及び維持管理を踏まえ選定する。

　②操作・修繕等容易な場所に設置する。

　③水道メーター下流側で屋内立上り管の間に設置する。→設問(1)

　④汚水ます等に直接接続せず、間接排水とする。

(2)排水口の留意事項

　①凍結深度より深くする。→設問(2)

　②排水口付近には、水抜き用浸透ますの設置又は砂利等により埋め戻す。

　→設問(4)

(3)配管の構造に係る留意事項

　水抜き用給水用具以降の配管は、管内水の排出が容易な構造とする。

　①給水用具への配管は、できるだけ鳥居配管やU字形の配管を避け、水抜き栓から先上がりの配管とする。→設問(3)

　②先上がり配管・埋設配管は1/300以上の勾配とし、露出の横走り配管は1/100以上の勾配を付ける。

　③配管が長い場合には、万一凍結した際に、解氷作業の便を図るため、取外し可能なユニオン、フランジ等を適切な箇所に設置する。→設問(5)

　④配管途中に設ける止水栓類は、排水に支障のない構造とする。

　⑤水栓はハンドル操作で吸気をする構造（固定こま、吊りこま等）とするか、又は吸気弁を設置する。

　⑥やむを得ず水の抜けない配管となる場合には、適切な位置に空気流入用又は排水用の栓類を設けて、凍結防止に対処する。

　⑦水抜きバルブ等を設置する場合は、屋内又はピット内に露出で配管する。

4-14　寒冷地対策(システム基準)

35　給水装置の凍結防止対策に関する次の記述のうち、**不適当なものはどれか。**

(1)　水抜き用の給水用具以降の配管は、配管が長い場合には、万一凍結した際に、解氷作業の便を図るため、取外し可能なユニオン、フランジ等を適切な箇所に設置する。

(2)　水抜き用の給水用具以降の配管は、管内水の排水が容易な構造とし、できるだけ鳥居配管やU字形の配管を避ける。

(3)　水抜き用の給水用具は、水道メーター下流で屋内立上り管の間に設置する。

(4)　内部貯留式不凍給水栓は、閉止時（水抜き操作）にその都度、揚水管内（立上り管）の水を貯留部に流下させる構造であり、水圧に関係なく設置場所を選ばない。

【R1・問題28】

35 正解 (4)

(1) ○

(2) ○

(3) ○

(4) ×　　内部貯留式不凍給水栓は、閉止時（水抜き操作）にその都度、揚水管内（立上り管）の水を貯留部に流下させる構造であり、水圧<u>の関係で設置場所が限定される</u>。

まとめ

これだけは、必ず覚えよう！

　給水装置の構造及び材質基準は、水道法第16条に基づく水道事業者による給水契約の拒否や給水停止の権限を発動するか否かの判断に用いるものであり、給水装置が有すべき必要最小限の要件を基準化している。

1．給水管及び給水用具の性能基準

(1) 耐圧性能基準

①給水装置（貯湯湯沸器及び貯湯湯沸器の下流側に設置されている給水用具を除く。）は、厚生労働大臣が定める耐圧に関する試験により1.75 MPaの静水圧を1分間加えたとき、水漏れ、変形、破損その他の異常を生じないこと。

②パッキンを水圧で圧縮することにより水密性を確保する構造の給水用具は、①の性能を有するとともに、耐圧性能試験により20 kPaの静水圧を1分間加えたとき、水漏れ、変形、破損その他の異常を生じないこと。

(2) 浸出性能基準

①給水装置から金属等が浸出し、飲用に供される水が汚染されることを防止するためのもの。

②適用対象は、通常の使用状態において飲用に供する水が接触する可能性のある給水管及び給水用具に限定される。具体的には、給水管、末端給水用具以外の給水用具（継手・バルブ類等）、飲用に供する水を供給する末端給水用具が対象である。

③浸出性能基準の考え方は、給水栓等給水装置の末端に設置されている給水用具の基準はおおむね水質基準の1/10を基準値としている。

④浸出性能試験としては、最終製品で行う器具試験のほか、部品試験や材料試験も選択できる。ただし、金属材料については材料試験を行うことはできない。これは、金属の場合、最終製品と同じ材質の材料を用いても、表面加工方法、冷却方法等が異なると金属等の浸出量が大きく異なるとされているためである。

⑤内部に吐水口空間を有する給水用具については、吐水口以降の部分も含めた給水用具全体を一体として評価することを原則とする。自動販売機や製氷機については、水道水として飲用されることはなく、通常、営業用として使用されており、吐水口以降については食品衛生法に基づく規制も行われていること等から、給水管との接続口から給水用具内の水受け部への吐水口までの間の部分に

ついて評価すればよい。

(3) 水撃限界性能基準

①水栓その他水撃作用（止水機構を急に閉止した際に管路内に生じる圧力の急激な変動作用をいう。）を生じるおそれのある給水用具は、厚生労働大臣が定める水撃限界に関する試験により、当該給水用具内の流速2m／秒又は当該給水用具の動水圧0.15MPaとする条件において、給水用具の止水機構の急閉止（閉止する動作が自動的に行われる給水用具にあっては、自動閉止）をしたとき、その水撃作用により上昇する圧力が1.5MPa以下である性能を有するものでなければならない。

②適用対象は、水撃作用を生じるおそれのある給水用具であり、具体的には、水栓（主にシングルレバー水栓）、ボールタップ、電磁弁（電磁弁内蔵の全自動洗濯機、食器洗い機等）、元止め式瞬間湯沸器等が該当する。

(4) 逆流防止性能基準

水が逆流するおそれのある場所に設置されている給水装置は、次のいずれかに該当しなければならない。

次に掲げる逆流を防止するための性能を有する給水用具が、水の逆流を防止することができる適切な位置に設置されていること。

①減圧式逆流防止器は、厚生労働大臣が定める逆流防止に関する試験により3kPa及び1.5MPaの静水圧を1分間加えたとき、水漏れ、変形、破損その他の異常を生じないとともに、厚生労働大臣が定める負圧破壊に関する試験により、流入側から－54kPaの圧力を加えたとき、減圧式逆流防止器に接続した透明管内の水位の上昇が3mmを超えないこと。

②逆止弁（減圧式逆流防止器を除く。）及び逆流防止装置を内部に備えた給水用具（③において「逆流防止給水用具」という。）は、逆流防止性能試験により3kPa及び1.5MPaの静水圧を1分間加えたとき、水漏れ、変形、破損その他の異常を生じないこと。

③逆流防止給水用具のうち次の表の第1欄に掲げるものに対する②の規定の適用については、同欄に掲げる逆流防止給水用具の区分に応じ、同表の第2欄に掲げる字句は、それぞれ同表の第3欄に掲げる字句とする。

逆流防止給水用具の区分	読み替えられる字句	読み替える字句
(1)減圧弁	1.5 MPa	当該減圧弁の設定圧力
(2)当該逆流防止装置の流出側に止水機能が設けられておらず、かつ、大気に開口されている逆流防止給水用具（(3)及び(4)に規定するものを除く。）	3 kPa 及び 1.5 MPa	3 kPa
(3)浴槽に直結し、かつ、自動給湯する給湯機及び給湯付きふろがま（(4)に規定するものを除く。）	1.5 MPa	50 kPa
(4)浴槽に直結し、かつ、自動給湯する給湯機及び給湯付きふろがまであって逆流防止装置の流出側に循環ポンプを有するもの	1.5 MPa	当該循環ポンプの最大吐水出圧力又は50 kPaのいずれかの高い圧力

④バキュームブレーカ（※1）は、負圧破壊性能試験により流入側から−54 kPaの圧力を加えたときバキュームブレーカに接続した透明管内の水位の上昇が75 mmを超えないこと。

⑤負圧破壊装置を内部に備えた給水用具（※2）は、負圧破壊性能試験により流入側から−54 kPaの圧力を加えたとき、当該給水用具に接続した透明管内の水位の上昇が、バキュームブレーカを内部に備えた給水用具にあっては逆流防止機能が働く位置から水受け部の水面までの垂直距離の2分の1、バキュームブレーカ以外の負圧破壊装置を内部に備えた給水用具にあっては吸気口に接続している管と流入管の接続部分の最下端又は吸気口の最下端のうちいずれか低い点から水面までの垂直距離の2分の1を超えないこと。

⑥水受け部と吐水口が一体の構造であり、かつ、水受け部の越流面と吐水口の間が分離されていることにより水の逆流を防止する構造の給水用具（※3）は、負圧破壊性能試験により流入側から−54 kPaの圧力を加えたとき、吐水口から水を引き込まないこと。

(5) 負圧破壊性能基準

①バキュームブレーカ（※1）

器具単独で販売され、水受け容器から取付け高さが、施工時に変更可能なものをいう。

②負圧破壊装置を内部に備えた給水用具（※2）

吐水口水没型のボールタップのように、製品の仕様として負圧破壊装置の位置が一定に固定されているものをいう。

③水受け部と吐水口が一体の構造であり、かつ、水受け部の越流面と吐水口の間が分離されていることにより水の逆流を防止する構造の給水用具（吐水口一体型給水用具）（※3）

ボールタップ付ロータンク、冷水機、自動販売機、貯蔵湯沸器等のように、製品の内部で縁切りが行われていることにより水の逆流を防止する構造のものを

いう。

(6) 耐寒性能基準

①屋外で気温が著しく低下しやすい場所その他凍結のおそれのある場所に設置されている給水装置のうち、減圧弁、逃し弁、逆止弁、空気弁及び電磁弁(給水用具の内部に備え付けられているものを除く。)にあっては、厚生労働大臣が定める耐久に関する試験により10万回の開閉操作を繰り返し、かつ、厚生労働大臣が定める耐寒に関する試験により、− 20℃ ± 2 ℃の温度で1時間保持した後通水したとき、それ以外の給水装置にあっては耐寒性能試験により− 20 ℃ ± 2 ℃の温度で1時間保持した後通水したとき、当該給水装置に係る耐圧性能、水撃限界性能、逆流防止性能及び負圧破壊性能を有するものでなければならない。

②耐寒性能基準は、寒冷地仕様の給水用具か否かの判断基準であり、凍結のおそれがある場所において設置される給水用具が、すべてこの基準を満たしていなければならないわけではない。しかし、凍結のおそれがある場所においてこの基準を満たしていない給水用具を設置する場合は、別途、断熱材で被覆する等の凍結防止措置を講じなければならない。

(7) 耐久性能基準

①弁類(耐寒性能が求められるものを除く。)は、耐久性能試験により10万回の開閉操作を繰り返した後、当該給水装置に係る耐圧性能、水撃限界性能、逆流防止性能及び負圧破壊性能を有するものでなければならない。

②制御弁類の開閉頻度は使用条件により大きく異なるが、10万回の開閉回数は最低でもおおむね2〜3年程度に相当するものといわれている。

2. 給水装置のシステム基準

(1) 配管工事後の耐圧試験

①配管工事後の耐圧試験は、水道事業者が、当該地域内の夜間を通した1日の間の最大水圧に、安全を考慮した圧力を加えた水圧を試験水圧にするなどを定めることができる。

②新設の配管工事は、1.75 MPaを1分間掛けることが望ましい。柔軟性のある水道用ポリエチレン二層管、ポリブテン管は、1.75 MPa掛けると膨張し圧力が低下する。また、止水栓や分水栓の耐圧性能は、弁を「開」状態にしたときの性能であって、止水機能を確認する試験ではない。

(2) 水の汚染防止

①給水管路の途中に有毒薬品置場、有害物の取扱場、汚水槽等の汚染源がある場合は、給水管等が破損した際に有害物や汚物が水道水に混入するおそれがあるので、その影響のないところまで離して配管する。

②硬質ポリ塩化ビニル管、水道用ポリエチレン二層管、水道配水管ポリエチレン管、架橋ポリエチレン管、ポリブテン管等の合成樹脂管は、有機溶剤等に侵されやすいので、鉱油・有機溶剤等に侵されるおそれがある箇所には使用しないこととし、金属管（鋼管、ステンレス管、銅管）を使用する。やむを得ずこのような場所に合成樹脂管を使用する場合は、さや管等で適切な防護措置を施す。

③シアン、六価クロム、その他水を汚染するおそれのある物を貯留し、又は取り扱う施設に近接して設置してはならない。

(3) 水撃防止

①水撃作用（ウォーターハンマー）が生じるおそれのある用具……水栓（主にシングルレバー混合水栓）、ボールタップ、電磁弁、元止め式瞬間湯沸器

②水撃作用が生じるおそれのある場合、発生防止や吸収措置を施す。

③給水圧が高水圧となる場合、減圧弁、定流量弁等を設置し、給水圧又は流速を下げる。

④水撃作用が発生するおそれのある箇所には、その上流側に近接して水撃防止器具を設置する。

⑤ボールタップの使用に際し、水撃作用の少ないものを選定する。

⑥水槽等にボールタップで給水する場合、必要に応じて波立ち防止板等を設置する。

⑦水撃作用の増幅を防ぐため、鳥居配管等は避ける。

(4) 侵食防止

①侵食の種類

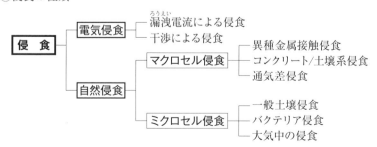

・電気侵食（電食）……金属管が鉄道、変電所等に近接して埋設されている場合に、

漏洩電流による電気分解作用により侵食を受ける。

・自然侵食……マクロセル侵食とは、埋設状態にある金属材質、土壌、乾湿、通気性、pH、溶解成分の違い等の異種環境での電池作用による侵食である。また、ミクロセル侵食とは、腐食性の高い土壌、バクテリアによる侵食である。

②電食防止措置

・電気的絶縁物による管の被覆

・絶縁物による遮へい

・絶縁接続法‥‥管路に電気的絶縁継手を挿入して、管の電気的抵抗を大きくし、管に流出入する漏えい電流を減少させる方法である。

・低電気位金属体の接続埋設法‥‥管に直接又は絶縁導線をもって、低い標準単極電位を有する金属（亜鉛、マグネシウム、アルミニウム等）を接続して、両者間の固有電位差を利用し、連続して管に大地を通じて外部からの電流を供給する一種の外部電源法。

③他の構造物等を貫通する場合の注意

　　他の構造物を貫通する場合は、絶縁するため、モルタルや塩ビスリーブ、防食テープ等を使用し金属管が直接構造物（コンクリート、鉄筋等）に接触しないよう施工する。

④クロスコネクションの禁止

　　当該給水装置以外の水管その他の設備に直接連結されていないこと。

(5) 逆流防止

[構造及び材質基準に係る事項]

①水槽、プール、流しその他水入れ、又は受ける器具、施設等に給水する給水装置にあっては、水の逆流を防止するための適当な措置が講ぜられていること。

[基準省令に係る事項]

②逆流防止性能又は負圧破壊性能を有する給水用具を水の逆流を防止することができる適切な位置（負圧破壊性能を有するバキュームブレーカにあっては、水受け容器の越流面の上方 150 ㎜以上の位置）に設置する。

③吐水口を有する給水装置は、次頁に掲げる基準に適合すること。

④事業活動に伴い、水を汚染するおそれのある有害物質等を取扱う場所に給水する給水装置にあっては、受水槽式とすること等により適切な逆流防止の措置を講じる。

【吐水口空間の基準】

1）呼び径 25 mm以下のもの

呼び径の区分	近接壁から吐水口の中心までの水平距離 B₁	越流面から吐水口の最下端までの垂直距離 A
13 mm以下	25 mm以上	25 mm以上
13 mmを超え 20 mm以下	40 mm以上	40 mm以上
20 mmを超え 25 mm以下	50 mm以上	50 mm以上

①浴槽に給水する場合は、越流面から吐水口空間は**50 mm以上**を確保する。

②プール等の水面が特に波打ちやすい水槽、並びに事業活動に伴い洗剤又は薬品を入れる水槽、及び容器に給水する場合には、越流面からの吐水口空間は **200 mm以上**を確保する。

③上記①及び②は、給水用具の内部の吐水口空間には適用しない。

2）呼び径 25 mmを超える場合

区分		壁からの離れ B₂	越流面から吐水口の最下端までの垂直距離 A
近接壁の影響がない場合			$1.7d' + 5$ mm以上
近接壁の影響がある場合	近接壁1面の場合	$3d$以下	$3.0d'$以上
		$3d$を超え $5d$以下	$2.0d' + 5$ mm以上
		$5d$を超えるもの	$1.7d' + 5$ mm以上
	近接壁2面の場合	$4d$以下	$3.5d'$以上
		$4d$を超え $6d$以下	$3.0d'$以上
		$6d$を超え $7d$以下	$2.0d' + 5$ mm以上
		$7d$を超えるもの	$1.7d' + 5$ mm以上

①d：吐水口の内径（mm）　　d'：有効開口の内径（mm）

②吐水口の断面が長方形の場合は長辺を d とする。

③越流面より少しでも高い壁がある場合は近接壁とみなす。

④浴槽に給水する給水装置（吐水口一体型給水用具を除く）において、算定された越流面から吐水口の最下端までの垂直距離が 50 mm未満の場合にあっては、当該距離は 50 mm以上とする。

⑤プール等の水面が特に波立ちやすい水槽、並びに事業活動に伴い洗剤又は薬品を入れる水槽、及び容器に給水する給水装置（吐水口一体型給水用具を除く）において、算定された越流面から吐水口の最下端までの垂直距離は 200 mm未満の場合にあっては、当該距離は 200 mm以上とする。

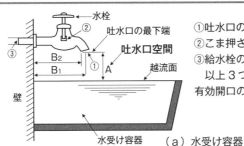

①吐水口の内径 d
②こま押さえ部分の内径
③給水栓の接続管の内径
　以上３つの内径のうち、最小内径を
有効開口の内径 d' として表す。

（ａ）水受け容器

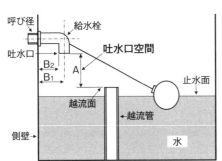

（ｂ）越流管（立取出し）　　　　（ｃ）越流管（横取出し）

図　基準省令に規定する吐水口空間（その１）

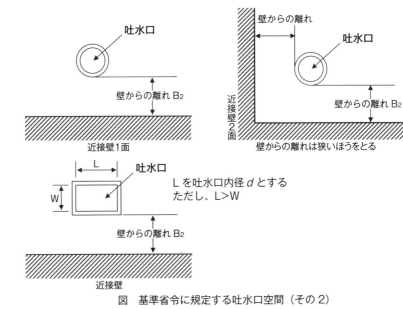

近接壁１面

壁からの離れは狭いほうをとる

L を吐水口内径 d とする
ただし、$L>W$

近接壁

図　基準省令に規定する吐水口空間（その２）

195

(6) 寒冷地対策

①凍結のおそれのある場所の屋外配管は、原則として、土中に埋設し、かつ埋設
　深度は凍結深度より深くする。

②凍結のおそれがある場所の屋内配管は、必要に応じ管内の水を容易に排出でき
　る位置に水抜き用の給水用具を設置する。

③凍結のおそれがある給水装置には、適切な防寒措置を講じる。

Chapter 5

給水装置計画論

試験科目の主な内容

●給水装置の計画策定に必要な知識及び技術を有していること。

例　○計画の立案に当たって、調査・検討すべき事項
　　○給水装置の計画策定及び給水装置の図面の作成に関する知識

過去5年の出題傾向と本書掲載問題数

Chapter 5 **給水装置計画論**	本書掲載 問題数	過去5年出題数	2023年 [R5] 問題番号	2022年 [R4] 問題番号	2021年 [R3] 問題番号	2020年 [R2] 問題番号	2019年 [R1] 問題番号
5-1 基本調査	2	3	30	32		30	
5-2 給水方式	9	12	31　32	30　31	30 31 32	31　32	30 31 32
5-3 計画使用水量の決定	3	6	33	33　34	33	33	33
5-4 給水管の口径決定	1	1				34	
5-5 余裕水頭の計算	1	1				35	
5-6 受水槽容量の計算	2	3	35		34		34
5-7 損失水頭と流量の計算	2	3	34		35		35
5-8 直結加圧形ポンプユニットの吐水圧の設定	1	1		35			
計	21	30					

■ は本書掲載を示す

5-1 基本調査

1 給水装置工事の基本調査に関する次の記述の正誤の組み合わせのうち、<u>適当なもの</u>はどれか。

ア 水道事業者への調査項目は、工事場所、使用水量、屋内配管、建築確認などがある。

イ 基本調査のうち、道路管理者に確認が必要な埋設物には、水道管、下水道管、ガス管、電気ケーブル、電話ケーブル等がある。

ウ 現地調査確認作業は、既設給水装置の有無、屋外配管、現場の施工環境などがある。

エ 給水装置工事の依頼を受けた場合は、現場の状況を把握するために必要な調査を行う。

	ア	イ	ウ	エ
(1)	誤	正	正	誤
(2)	誤	正	誤	正
(3)	正	誤	誤	正
(4)	誤	誤	正	正
(5)	正	正	誤	誤

【R5・問題30】

1 **正解** (4)

ア 誤　水道事業者への調査項目は、工事場所、使用水量、屋内配管、**供給条件**などがある。

イ 誤　基本調査のうち、**地下埋設物管理者**に確認が必要な埋設物には、水道管、下水道管、ガス管、電気ケーブル、電話ケーブル等がある。

ウ 正

エ 正

5-1 基本調査

2 　給水装置工事の基本計画に関する次の記述の正誤の組み合わせのうち、<u>適当なものはどれか</u>。

ア　給水装置の基本計画は、基本調査、給水方式の決定、計画使用水量及び給水管口径等の決定からなっており、極めて重要である。

イ　給水装置工事の依頼を受けた場合は、現場の状況を把握するために必要な調査を行う。

ウ　基本調査のうち、下水道管、ガス管、電気ケーブル、電話ケーブルの口径、布設位置については、水道事業者への確認が必要である。

エ　基本調査は、計画・施工の基礎となるものであり、調査の結果は計画の策定、施工、さらには給水装置の機能にも影響する重要な作業である。

```
        ア    イ    ウ    エ
(1)    誤    正    正    誤
(2)    正    誤    誤    正
(3)    正    正    誤    正
(4)    正    正    誤    誤
(5)    誤    誤    正    正
```

【R2・問題30】

2　　正解　(3)

ア　正

イ　正

ウ　誤　　基本調査のうち下水道管、ガス管、電気ケーブル、電話ケーブルの
　　　　　口径、布設位置については、**埋設物管理者**への確認が必要である。

エ　正

5-2　給水方式

3　給水方式に関する次の記述の正誤の組み合わせのうち、<u>適当なものはどれか</u>。

ア　受水槽式の長所として、事故や災害時に受水槽内に残っている水を使用することができる。

イ　配水管の水圧が高いときは、受水槽への流入時に給水管を流れる流量が過大となるが、給水用具に支障をきたさなければ、対策を講じる必要はない。

ウ　ポンプ直送式は、受水槽に受水した後、ポンプで高置水槽へ汲み上げ、自然流下により給水する方式である。

エ　直結給水方式の長所として、配水管の圧力を利用するため、エネルギーを有効に利用することができる。

	ア	イ	ウ	エ
(1)	正	誤	誤	正
(2)	誤	正	誤	正
(3)	正	誤	正	誤
(4)	誤	正	正	誤
(5)	誤	誤	正	正

【R5・問題31】

3 **正解** (1)

ア　正

イ　誤　　配水管の水圧が高いときは、受水槽への流入時に給水管を流れる流量が過大となるが、**水道メーターの性能、耐久性に支障をきたすため、**対策を講じる**必要がある**。

ウ　誤　　**高置水槽式**は、受水槽に受水した後、ポンプで高置水槽へ汲み上げ、自然流下により給水する方式である。

エ　正

5-2 給水方式

4 直結給水システムの計画・設計に関する次の記述のうち、**不適当なものはどれか**。

(1) 直結給水システムにおける対象建築物の階高が4階程度以上の給水形態は、基本的には直結増圧式給水であるが、配水管の水圧等に余力がある場合は、直結直圧式で給水することができる。

(2) 直結給水システムにおける高層階への給水形態は、直結加圧形ポンプユニットを直列に設置する。

(3) 給水装置工事主任技術者は、既設建物の給水設備を受水槽式から直結式に切り替える工事を行う場合は、当該水道事業者の直結給水システムの基準等を確認し、担当部署と建築規模や給水計画を協議する。

(4) 建物の高層階へ直結給水する直結給水システムでは、配水管の事故等により負圧発生の確率が高くなることから、逆流防止措置を講じる。

(5) 給水装置は、給水装置内が負圧になっても給水装置から水を受ける容器などに吐出した水が給水装置内に逆流しないよう、末端の給水用具又は末端給水用具の直近の上流側において、吸排気弁の設置が義務付けられている。

【R5・問題32】

4 正解 (5)

(1) ○

(2) ○

(3) ○

(4) ○

(5) ×　　給水装置は、給水装置内が負圧になっても給水装置から水を受ける容器などに吐出した水が給水装置内に逆流しないよう、末端の給水用具又は末端給水用具の直近の上流側において、**負圧破壊性能又は逆流防止性能を有する給水用具の設置あるいは吐水口空間の確保**が義務付けられている。

5-2 給水方式

5 給水方式に関する次の記述の正誤の組み合わせのうち、<u>適当なものはどれか</u>。

ア 受水槽式は、配水管の水圧が変動しても受水槽以下の設備は給水圧、給水量を一定の変動幅に保持できる。

イ 圧力水槽式は、小規模の中層建物に多く使用されている方式で、受水槽を設置せずに、ポンプで圧力水槽に貯え、その内部圧力によって給水する方式である。

ウ 高置水槽式は、一つの高置水槽から適切な水圧で給水できる高さの範囲は10階程度なので、それを超える高層建物では高置水槽や減圧弁をその高さに応じて多段に設置する必要がある。

エ 直結増圧式は、給水管の途中に直結加圧形ポンプユニットを設置し、圧力を増して直結給水する方法である。

	ア	イ	ウ	エ
(1)	正	正	誤	誤
(2)	正	誤	正	正
(3)	誤	誤	正	誤
(4)	誤	正	誤	正
(5)	正	正	正	誤

【R4・問題30】

5 　正解 (2)

ア　正

イ　誤　　圧力水槽式は、小規摸の中層建物に多く使用されている方式で、**受水槽に受水した後**、ポンプで圧力水槽に貯え、その内部圧力によって給水する方式である。

ウ　正

エ　正

 Important **POINT**

☑給水方式の分類

分類			試験問題で表現される名称	概要	参考図
直結式	直圧式		直結直圧式	配水管の動水圧により直接給水する方式	P215 左図
	増圧式	直送式	直結増圧式 (直送式)	給水管の途中に直結加圧形ポンプユニットを設置し、圧力を増して給水する方式	P219 図(1)
		高置水槽式	直結増圧式 (高置水槽式)	既設の改造の場合で直結加圧形ポンプユニットにより高所に置かれた受水槽に直接給水し、自然流下で給水する方式	P219 図(2)
受水槽式	ポンプ直送式		ポンプ直送式	受水槽に給水した後、使用水量に応じてポンプ台数の変更や回転数制御によって給水する方式	下図(1)
	高置水槽式		高置水槽式	受水槽に給水した後、ポンプで高置水槽へ汲み上げ、自然流下により給水する方式	下図(2)
	圧力水槽式		圧力水槽式	受水槽に給水した後、ポンプで圧力水槽に貯え、その内部圧力によって給水する方式	下図(3)
直結・受水槽併用式			直結・受水槽併用式	一つの建物内で、直結式及び受水槽式の両方の給水方式を併用するもの	P215 右図

☑受水槽式（参考図）

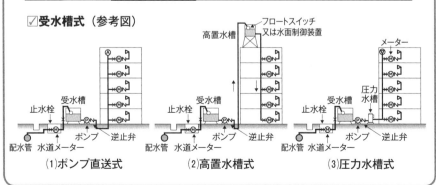

(1)ポンプ直送式　　(2)高置水槽式　　(3)圧力水槽式

5-2　給水方式

6 受水槽式の給水方式に関する次の記述の正誤の組み合わせのうち、<u>適当なものはどれか</u>。

ア　配水管の水圧低下を引き起こすおそれのある施設等への給水は受水槽式とする。

イ　有毒薬品を使用する工場等事業活動に伴い、水を汚染するおそれのある場所、施設等への給水は受水槽式とする。

ウ　病院や行政機関の庁舎等において、災害時や配水施設の事故等による水道の断減水時にも給水の確保が必要な場合の給水は受水槽式とする。

エ　受水槽は、定期的な点検や清掃が必要である。

```
　　　 ア　　イ　　ウ　　エ
(1)　正　　正　　誤　　正
(2)　誤　　正　　正　　正
(3)　正　　正　　正　　誤
(4)　正　　誤　　正　　正
(5)　正　　正　　正　　正
```

【R4・問題31】

6 正解 （5）

ア 正
イ 正
ウ 正
エ 正

 Important **POINT**

☑**受水槽式とする場合**

①病院、行政機関の庁舎、デパート等の施設や電子計算機等の冷却水の供給が必要な場所等で、災害時、配水施設の事故等による水道の断減水時にも、給水の確保が必要な場合→設問ウ

②一時に多量の水を使用するとき、又は、使用水量の変動が大きいとき等に配水管の水圧低下を引き起こすおそれがある場合→設問ア

③配水管の水圧変動にかかわらず、常時一定の水量、水圧を必要とする場合

④有毒薬品を使用する工場等事業活動に伴い、水を汚染するおそれのある場所に給水する場合（基準省令第5条第2項）→設問イ

5-2 給水方式

7 給水方式に関する次の記述の正誤の組み合わせのうち、**適当なものはどれか。**

ア 直結式給水は、配水管の水圧で直結給水する方式（直結直圧式）と、給水管の途中に圧力水槽を設置して給水する方式（直結増圧式）がある。

イ 直結式給水は、配水管から給水装置の末端まで水質管理がなされた安全な水を需要者に直接供給することができる。

ウ 受水槽式給水は、配水管から分岐し受水槽に受け、この受水槽から給水する方式であり、受水槽流出口までが給水装置である。

エ 直結・受水槽併用式給水は、一つの建築物内で直結式、受水槽式の両方の給水方式を併用するものである。

	ア	イ	ウ	エ
(1)	正	正	誤	誤
(2)	正	誤	誤	正
(3)	正	誤	正	誤
(4)	誤	誤	正	正
(5)	誤	正	誤	正

【R3・問題30】

7　正解　(5)

ア　誤　　直結式給水は、配水管の水圧で直結給水する方式（直結直圧式）と、給水管の途中に**直結加圧形ポンプユニット**を設置して給水する方式（直結増圧式）がある。

イ　正

ウ　誤　　受水槽式給水は、配水管から分岐し受水槽に受け、この受水槽から給水する方式であり、受水槽**入口**までが給水装置である。

エ　正

5-2 給水方式

8 給水方式の決定に関する次の記述のうち、**不適当なものはどれか**。

⑴ 水道事業者ごとに、水圧状況、配水管整備状況等により給水方式の取扱い
が異なるため、その決定に当たっては、計画に先立ち、水道事業者に確認す
る必要がある。

⑵ 一時に多量の水を使用するとき等に、配水管の水圧低下を引き起こすおそ
れがある場合は、直結・受水槽併用式給水とする。

⑶ 配水管の水圧変動にかかわらず、常時一定の水量、水圧を必要とする場合
は受水槽式とする。

⑷ 直結給水システムの給水形態は、階高が4階程度以上の建築物の場合は基
本的には直結増圧式給水であるが、配水管の水圧等に余力がある場合は、特
例として直結直圧式で給水することができる。

⑸ 有毒薬品を使用する工場等事業活動に伴い、水を汚染するおそれのある場
所に給水する場合は受水槽式とする。

【R3・問題31】

8 正解 (2)

(1) ○

(2) ×　　一時に多量の水を使用するとき等に、配水管の水圧低下を引き起こすおそれがある場合は、**受水槽式給水**とする。

(3) ○

(4) ○

(5) ○

Important **POINT**

☑**給水方式の種類**

■直結式給水

　配水管の水圧で直結給水する**直結直圧式**と、給水管の途中に直結加圧形ポンプユニットを設置し、圧力を増して直結給水する**直結増圧式**がある。→設問(4)

　なお直結増圧式には、既設改造の場合等で直結加圧形ポンプユニットにより高所に置かれた受水槽に直接給水し、そこから自然落下させる**高置水槽式**を含むものとしている。

■受水槽式給水→設問(2)・(5)

　ポンプ直送式、高置水槽式、圧力水槽式がある。

①ポンプ直送式は、小規模の中層建物に多く使用されている方式で、受水槽に受水したのち、使用水量に応じてポンプの運転台数の変更や回転数制御によって給水する方式である。

②高置水槽式は、受水槽式給水の最も一般的なもので、受水槽に受水したのち、ポンプでさらに高置水槽へ汲み上げ、自然流下により給水する方式である。

③圧力水槽式は、小規模の中層建物に多く使用されている方式で、受水槽に受水したのち、ポンプで圧力水槽に貯え、その内部圧力によって給水する方式である。

■直結・受水槽併用式給水

　一つの建物内で直結式と受水槽式の両方の給水方式を併用するものである。

5-2 給水方式

9 給水方式の決定に関する次の記述のうち、**不適当な**ものはどれか。

(1) 直結直圧式の範囲拡大の取り組みとして水道事業者は、現状における配水管からの水圧等の供給能力及び配水管の整備計画と整合させ、逐次その対象範囲の拡大を図っており、5階を超える建物をその対象としている水道事業者もある。

(2) 圧力水槽式は、小規模の中層建物に多く使用されている方式で、受水槽を設置せずにポンプで圧力水槽に貯え、その内部圧力によって給水する方式である。

(3) 直結増圧式による各戸への給水方法として、給水栓まで直接給水する直送式と、高所に置かれた受水槽に一旦給水し、そこから給水栓まで自然流下させる高置水槽式がある。

(4) 直結・受水槽併用式は、一つの建物内で直結式及び受水槽式の両方の給水方式を併用するものである。

(5) 直結給水方式は、配水管から需要者の設置した給水装置の末端まで有圧で直接給水する方式で、水質管理がなされた安全な水を需要者に直接供給することができる。

【R2・問題31】

9　正解　(2)

(1)　○

(2)　×　　圧力水槽式は、小規模の中層建物に多く使用されている方式で、受**水槽に受水した後**、ポンプで圧力水槽に貯え、その内部圧力によって給水する方式である。

(3)　○

(4)　○

(5)　○

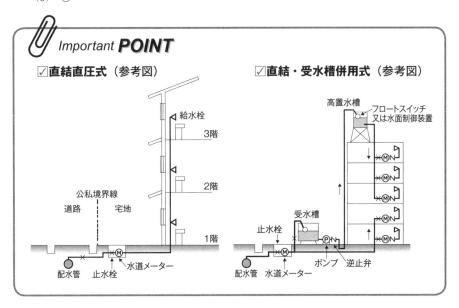

Important **POINT**

☑**直結直圧式**（参考図）　　　　　　☑**直結・受水槽併用式**（参考図）

5-2 給水方式

10 給水方式における直結式に関する次の記述のうち、**不適当なものはどれか。**

(1) 当該水道事業者の直結給水システムの基準に従い、同時使用水量の算定、給水管の口径決定、直結加圧形ポンプユニットの揚程の決定等を行う。

(2) 直結加圧形ポンプユニットは、算定した同時使用水量が給水装置に流れたとき、その末端最高位の給水用具に一定の余裕水頭を加えた高さまで水位を確保する能力を持たなければならない。

(3) 直結増圧式は、配水管が断水したときに給水装置からの逆圧が大きいことから直結加圧形ポンプユニットに近接して水抜き栓を設置しなければならない。

(4) 直結式給水は、配水管の水圧で直接給水する方式（直結直圧式）と、給水管の途中に直結加圧形ポンプユニットを設置して給水する方式（直結増圧式）がある。

【R2・問題 32】

10 正解 (3)

(1) ○

(2) ○

(3) ×　直結増圧式は、配水管が断水したときに給水装置からの逆圧が大きいことから直結加圧形ポンプユニットに近接して**有効な逆止弁**を設置しなければならない。

(4) ○

Important **POINT**

☑**直結増圧式における有効な逆止弁**

　直結増圧式は、配水管が断水したときに給水装置からの逆圧が大きいことから、直結加圧型ポンプユニットに近接して有効な逆止弁を設置するとし、一般的に減圧式逆流防止器が用いられる。→設問(3)

5-2 給水方式

11 直結給水システムの計画・設計に関する次の記述のうち、**不適当なものはど
れか。**

(1) 給水システムの計画・設計は、当該水道事業者の直結給水システムの基準
に従い、同時使用水量の算定、給水管の口径決定、ポンプ揚程の決定等を行う。

(2) 給水装置工事主任技術者は、既設建物の給水設備を受水槽式から直結式に
切り替える工事を行う場合は、当該水道事業者の担当部署に建物規模や給水
計画等の情報を持参して協議する。

(3) 直結加圧形ポンプユニットは、末端最高位の給水用具に一定の余裕水頭を
加えた高さまで水位を確保する能力を持ち、安定かつ効率的な性能の機種を
選定しなければならない。

(4) 給水装置は、給水装置内が負圧になっても給水装置から水を受ける容器な
どに吐出した水が給水装置内に逆流しないよう、末端の給水用具又は末端給
水用具の直近の上流側において、吸排気弁の設置が義務付けられている。

【R1・問題30】

11 **正解** (4)

(1) ○

(2) ○

(3) ○

(4) ×　　給水装置は、給水装置内が負圧になっても給水装置から水を受ける容器などに吐出した水が給水装置内に逆流しないよう、末端の給水用具又は末端給水用具の直近の上流側において、**負圧破壊性能又は逆流防止性能を有する給水用具**の設置が義務付けられている。

Important *POINT*

☑ **直結増圧式**（参考図）

・直結増圧式には、給水管の途中に直結加圧形ポンプユニットを設置し、各戸への給水栓まで直接給水する**直送式**と、既設改造の場合等で、ポンプにより高所に置かれた受水槽に給水し、そこから給水栓まで自然流下させる**高置水槽式**がある。

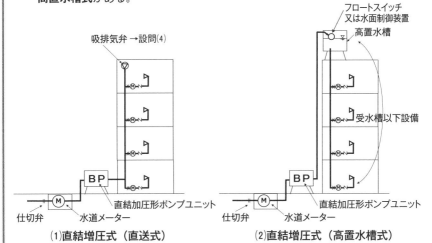

(1)直結増圧式（直送式）　　(2)直結増圧式（高置水槽式）

・直結増圧式は、配水管が断水したとき、給水装置からの逆圧が大きいことから、直結加圧形ポンプユニットに近接して有効な減圧逆止弁（減圧逆流防止器）を設置する。

5-3　計画使用水量の決定

12　直結式給水による 25 戸の集合住宅での同時使用水量として、次のうち、<u>最も適当なもの</u>はどれか。

ただし、同時使用水量は、標準化した同時使用水量により計算する方法によるものとし、1 戸当たりの末端給水用具の個数と使用水量、同時使用率を考慮した末端給水用具数、並びに集合住宅の給水戸数と同時使用戸数率は、それぞれ表－1 から表－3 までのとおりとする。

(1)　420 L/ 分
(2)　470 L/ 分
(3)　520 L/ 分
(4)　570 L/ 分
(5)　620 L/ 分

表－1　1 戸当たりの末端給水用具の個数と使用水量

末端給水用具	個数	使用水量（L/分）
台所流し	1	12
洗濯流し	1	20
洗面器	1	10
浴槽（和式）	1	20
大便器（洗浄タンク）	1	12

表－2　総末端給水用具数と同時使用水量比

総末端給水用具数	1	2	3	4	5	6	7	8	9	10	15	20	30
同時使用水量比	1.0	1.4	1.7	2.0	2.2	2.4	2.6	2.8	2.9	3.0	3.5	4.0	5.0

表－3　給水戸数と同時使用戸数率

給水戸数	1〜3	4〜10	11〜20	21〜30	31〜40	41〜60	61〜80	81〜100
同時使用戸数率（%）	100	90	80	70	65	60	55	50

【R5・問題 33】

12 正解 （4）

（4） 570 L/分

〈計算〉

まず、1戸の同時使用水量を求めて、次に25戸分の同時使用水量を求める。

1戸の同時使用水量＝(12＋20＋10＋20＋12)/5×2.2

＝32.56(L/分)

25戸の同時使用水量＝32.56(L/分)×25(戸)×70/100(%)

＝569.8≒570(L/分)

 Important **POINT**

☑**標準化した同時使用水量により計算する方法**

①1戸当たりの同時使用水量は、

$$同時使用水量＝\frac{末端給水用具の全使用水量}{末端給水用具数}×同時使用水量比$$

②集合住宅の同時使用水量＝1戸の同時使用水量×戸数×同時使用戸数率

5-3 計画使用水量の決定

13 計画使用水量に関する次の記述の正誤の組み合わせのうち、<u>適当なものはどれか</u>。

ア 計画使用水量は、給水管口径等の給水装置系統の主要諸元を計画する際の基礎となるものであり、建物の用途及び水の使用用途、使用人数、給水栓の数等を考慮した上で決定する。

イ 直結増圧式給水を行うに当たっては、1日当たりの計画使用水量を適正に設定することが、適切な配管口径の決定及び直結加圧形ポンプユニットの適正容量の決定に不可欠である。

ウ 受水槽式給水における受水槽への給水量は、受水槽の容量と使用水量の時間的変化を考慮して定める。

エ 同時使用水量とは、給水装置に設置されている末端給水用具のうち、いくつかの末端給水用具を同時に使用することによってその給水装置を流れる水量をいう。

	ア	イ	ウ	エ
(1)	正	誤	正	誤
(2)	誤	正	誤	正
(3)	正	誤	誤	正
(4)	正	誤	正	正
(5)	誤	正	誤	誤

【R4・問題33】

13 　正解　(4)

ア　正

イ　誤　　直結増圧式給水を行うに当たっては、**同時使用水量**を適正に設定することが、適切な配管口径の決定及び直結加圧形ポンプユニットの適正容量の決定に不可欠である。

ウ　正

エ　正

Chapter 5 給水装置計画論

5-3 計画使用水量の決定

14 図－1に示す事務所ビル全体（6事務所）の同時使用水量を給水用具給水負荷単位により算定した場合、次のうち、**適当なもの**はどれか。

ここで、6つの事務所には、それぞれ大便器（洗浄弁）、小便器（洗浄弁）、洗面器、事務室用流し、掃除用流しが1栓ずつ設置されているものとし、各給水用具の給水負荷単位及び同時使用水量との関係は、**表－1及び図－2**を用いるものとする。

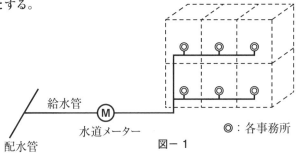

図－1

(1) 約 60 L /min
(2) 約 150 L /min
(3) 約 200 L /min
(4) 約 250 L /min
(5) 約 300 L /min

表－1 給水用具給水負荷単位

器具名	水栓	器具給水負荷単位
大便器	洗浄弁	10
小便器	洗浄弁	5
洗面器	給水栓	2
事務室用流し	給水栓	3
掃除用流し	給水栓	4

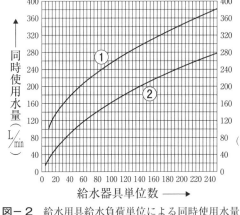

（注）この図の曲線①は大便器洗浄弁の多い場合、曲線②は大便器洗浄タンク（ロータンク便器等）の多い場合に用いる。

図－2 給水用具給水負荷単位による同時使用水量

【R4・問題34】

14　正解　(5)

(5)　約 300 L /min

〈計算〉給水用具給水負荷単位による同時使用水量の算出方法

　6事務所の給水用具給水負荷単位は、それぞれ同じ器具が設置されているので、表－1より全負荷単位を求め、図－2により同時使用水量を求める。

給水用具給水負荷単位×個数

大便器（洗浄弁）	10×6＝60	
小便器（洗浄弁）	5×6＝30	
洗面器	2×6＝12	
事務室用流し	3×6＝18	
掃除用流し	4×6＝24	
合　　計	144（単位）	

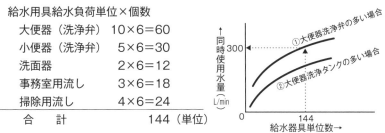

横軸144と上の①（大便器洗浄弁を多く使用している）のグラフと交わる点
→左横の縦軸を見ると、流量は300 L /minである。

5-4 給水管の口径決定

15 図－1に示す管路において、流速 V_2 の値として、最も適当なものはどれか。
ただし、口径 $D_1 = 40$mm、$D_2 = 25$mm、流速 $V_1 = 1.0$m/s とする。

(1) 1.6 m/s

(2) 2.1 m/s

(3) 2.6 m/s

(4) 3.1 m/s

(5) 3.6 m/s

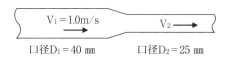

$V_1 = 1.0$m/s　　　$V_2 \longrightarrow$

口径$D_1 = 40$ mm　　　口径$D_2 = 25$ mm

図－1　管路図

【R2・問題 34】

226

15 正解 (3)

(3) 2.6 m/s

〈計算〉

管の断面積Aは

$$A = \frac{\pi D^2}{4}$$

連続の式　$Q_1 = Q_2$ により

$A_1 \times V_1 = A_2 \times V_2$ 　$V_2 = \dfrac{A_1 \times V_1}{A_2}$

$(0.040 \times 0.040 \times \pi \div 4) \times 1 = (0.025 \times 0.025 \times \pi \div 4) \times V_2$

$V_2 = (0.040 \times 0.040 \times \pi \div 4 \times 1) \div (0.025 \times 0.025 \times \pi \div 4) = 2.56$ m/s

$\fallingdotseq 2.6$ m/s

Important *POINT*

☑流量と流速と管の断面積の関係

流量（Q）は流速（V）と管の断面積（A）の積で求められる。

$Q = A \times V$

管の断面積は管の直径（D）とすると

$$A = \frac{\pi \times D^2}{4}$$

15図－1の管路において、管の太い部分（D_1）と流速（V_1）の積による流量（Q_1）と、管の細い部分（D_2）と流速（V_2）の積による流量（Q_2）とは、$Q_1 = Q_2$である。これが連続の式である。

$Q_1 = Q_2$

$A_1 \times V_1 = A_2 \times V_2$

このV₂を求めるには

$V_2 = \dfrac{A_1 \times V_1}{A_2}$

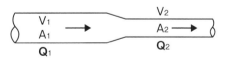

の式に値を代入して求める。

5-5 余裕水頭の計算

16 図－1に示す給水装置におけるB点の余裕水頭として、次のうち、最も適当なものはどれか。

ただし、計算に当たってA～B間の給水管の摩擦損失水頭、分水栓、甲形止水栓、水道メーター及び給水栓の損失水頭は考慮するが、曲がりによる損失水頭は考慮しないものとする。また、損失水頭等は、図－2から図－4を使用して求めるものとし、計算に用いる数値条件は次のとおりとする。

①A点における配水管の水圧　水頭として20 m
②給水栓の使用水量　0.6 L／s
③A～Bの給水管、分水栓、甲形止水栓、水道メーター及び給水栓の口径20 ㎜

(1)　3.6 m
(2)　5.4 m
(3)　7.4 m
(4)　9.6 m
(5)　10.6 m

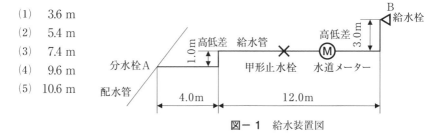

図－1　給水装置図

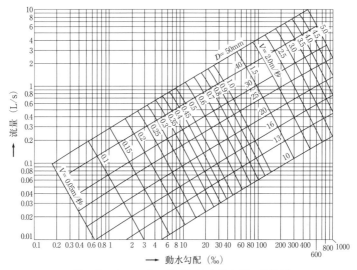

図－2　ウエストン公式による給水管の流量図

【R2・問題35】

228

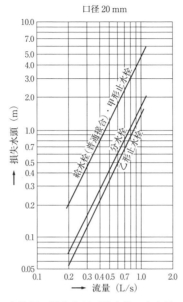

口径 20 mm

図－3　水栓類の損失水頭（給水栓、止水栓、分水栓）

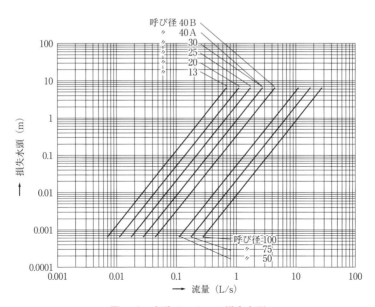

図－4　水道メーターの損失水頭

給水装置計画論

16 正解 (2)

(2) 5.4 m

〈計算〉

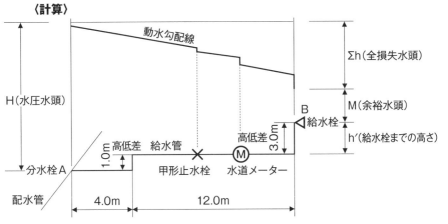

余裕水頭は、M＝H－（h′＋Σh）よりMを求める。

H＝20m

h′＝1.0+3.0=4.0m

Σh＝給水用具の損失水頭 ＋ 給水管の摩擦損失水頭

給水用具の損失水頭は、図－3より　0.6L/sに対する損失水頭の値を求める。

　　　給水栓　　　　　1.8m

　　　甲形止水栓　　　1.8m

　　　分水栓　　　　　0.6m

水道メーターの損失水頭は、図－4より流量0.6L/sに対する損失水頭を求める。

　　　水道メーター　　2.0m

給水管の摩擦損失水頭は、図－2より流量0.6L/sに対する動水勾配（‰）を求める。

　　　動水勾配 I＝230（‰）

　　　延長 L＝4.0+1.0+12.0+3.0=20.0m

　　　I＝h／Lであるので、給水管の摩擦損失水頭（h）は、

　　　h＝I×L＝230×20.0÷1000=4.6m

余裕水頭は、

M＝20－{4.0+（1.8+1.8+0.6+2.0+4.6）}=5.2m

∴最も近い値は、(2)5.4 mとなる。

5-6　受水槽容量の計算

17 受水槽式による総戸数50戸（2LDKが20戸、3LDKが30戸）の集合住宅1棟の標準的な受水槽容量の範囲として、次のうち、最も適当なものはどれか。

ただし、2LDK1戸当たりの居住人員は2.5人、3LDK1戸当たりの居住人員は3人とし、1人1日当たりの使用水量は250Lとする。

(1)　14 ㎥～21 ㎥
(2)　17 ㎥～24 ㎥
(3)　20 ㎥～27 ㎥
(4)　23 ㎥～30 ㎥
(5)　26 ㎥～33 ㎥

【R5・問題35】

18 受水槽式給水による従業員数140人（男子80人、女子60人）の事務所における標準的な受水槽容量の範囲として、次のうち、適当なものはどれか。

ただし、1人1日当たりの使用水量は、男子50L、女子100Lとする。

(1)　4 ㎥～ 6 ㎥
(2)　6 ㎥～ 8 ㎥
(3)　8 ㎥～10 ㎥
(4)　10 ㎥～12 ㎥

【R1・問題34】

17 正解 (1)

(1) 14 ㎥～ 21 ㎥

〈計算〉

計画一日使用水量

(2.5×20＋3.0×30)×250＝35㎥

受水槽容量は、計画一日使用水量の4/10～6/10程度である。

35.0×(4/10～6/10)＝14～21㎥

 Important *POINT*

☑**計画一日使用水量と受水槽容量の求め方**

集合住宅における計画一日使用水量

＝1人1日当たりの使用水量×使用人数×戸数

受水槽容量

＝計画一日使用水量×(4/10～6/10)程度が標準

18 正解 (1)

(3) 4 ㎥～ 6 ㎥

〈計算〉

1日当たりの使用水量

＝(50L×80人)＋(100L×60人)

＝4,000＋6,000＝10,000 L＝10 ㎥

受水槽の有効容量

＝10 ㎥×(4/10～6/10)＝4 ㎥～6 ㎥

Chapter **5**

給水装置計画論

5 - 6 受水槽容量の計算

5-7 損失水頭と流量の計算

19 図−1に示す直結式給水による戸建て住宅で、口径決定に必要となる全所要水頭として、適当なものはどれか。

ただし、計画使用水量は同時使用率を考慮して表−1により算出するものとし、器具の損失水頭は器具ごとの使用水量において表−2により、給水管の動水勾配は表−3によるものとする。なお、管の曲がり、分岐による損失水頭は考慮しないものとする。

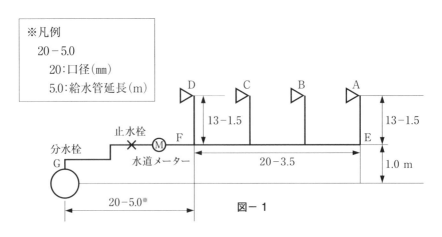

図−1

(1)　8.7 m

(2)　9.7 m

(3)　10.7 m

(4)　11.7 m

(5)　12.7 m

表−1　計画使用水量

給水用具名	同時使用の有無	計画使用水量(L/分)
A　台所流し	使用	12
B　洗面器	−	8
C　大便器	−	12
D　浴槽	使用	20

表−2　器具の損失水頭

給水用具等	損失水頭(m)
給水栓A（台所流し）	0.8
給水栓D（浴槽）	2.1
水道メーター	1.5
止水栓	1.3
分水栓	0.5

表−3　給水管の動水勾配

流量 (L/分) ＼ 口径	13 mm（‰）	20 mm（‰）
12	200	40
20	600	80
32	1300	180

【R5・問題34】

19 正解 （2）

（2） 9.7 m

〈解き方〉

① 既に図－1に仮定口径、同時使用栓も決められているので、それに合わせて
ルート間を計算する。

② A－F間とD－F間の交点で各所要水頭を比較し、大きい方を選びF－G間
の所要水頭と合算して求める。

③ 下記の損失水頭計算表に数値を入れ、計算すると便利で分かりやすい。

〈計算〉

① A－F間の所要水頭を求める。

区間	流量 (L/分)	仮定口径 (mm)	動水勾配 (‰)①	延長(m) ②	損失水頭(m) ③＝①×②/1000	立ち上がり高さ (m)④	所要水頭(m) ⑤＝③－④	備考
給水栓 A	12	13	－	－	0.8	－	0.8	表−1より、給水栓Aの③ 損失水頭は0.8m
A－E	12	13	230	1.5	0.35	1.5	1.85	表−3より、流量12L/分→口径 13mm→①動水勾配230‰
E－F	12	20	40	3.5	0.14	－	0.14	表−3より、流量12L/分→口径 20mm→①動水勾配40‰
							計　2.79	

② D－F間の所要水頭を求める。

区間	流量 (L/分)	仮定口径 (mm)	動水勾配 (‰)①	延長(m) ②	損失水頭(m) ③＝①×②/1000	立ち上がり高さ (m)④	所要水頭(m) ⑤＝③－④	備考
給水栓 D	20	13	－	－	2.1	－	2.1	表−1より
D－F	20	13	600	1.5	0.9	1.5	2.4	表−3より
							計　4.5	

A－F間とD－F間の所要水頭を比較し、

A－F間2.79 m＜D－F間4.5 m　よってF点の所要水頭は4.5 mとなる。

③ F－G間の所要水頭を求める。

区間	流量 (L/分)	仮定口径 (mm)	動水勾配 (‰)①	延長(m) ②	損失水頭(m) ③＝①×②/1000	立ち上がり高さ (m)④	所要水頭(m) ⑤＝③－④	備考
F－G	32	20	180	5	0.9	1.0	1.9	表−3より
	32	20	水道メーター	1.5	－	1.5	表−2より	
	32	20	止水栓	1.3	－	1.3	表−2より	
	32	20	分水栓	0.5	－	0.5	表−2より	
							計　5.2	

∴　A－G間の所要水頭は4.5＋5.2＝9.7mとなる。

19

Important **POINT**

☑**動水勾配の求め方**

　動水勾配を求めるには、ウエストン公式の流量図から流量→口径→動水勾配を求め、動水勾配を求める式はI＝h/L×1000であるから、ゆえに損失水頭はh＝I×L/1000 で求められる。しかし、この問題では、既に動水勾配は表－３で示されていることを理解しておく。

5-7 損失水頭と流量の計算

20 　図－1に示す給水管（口径25 mm）において、AからFに向かって48 L/min の水を流した場合、管路A～F間の総損失水頭として、次のうち、**最も近い値はどれか**。

　　ただし、総損失水頭は管の摩擦損失水頭と高低差のみの合計とし、水道メーター、給水用具類は配管内に無く、管の曲がりによる損失水頭は考慮しない。また、給水管の水量と動水勾配の関係は、図－2を用いて求めるものとする。

　　なお、A～B、C～D、E～Fは水平方向に、B～C、D～Eは鉛直方向に配管されている。

(1)　4 m
(2)　6 m
(3)　8 m
(4)　10 m
(5)　12 m

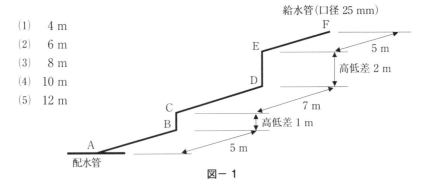

図－1

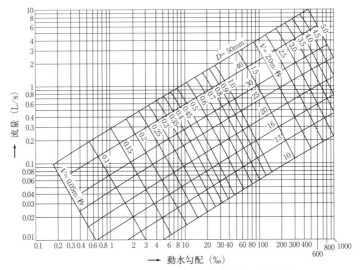

図－2　ウエストン公式による給水管の流量図

【R3・問題35】

20 正解 （2）

（2） 6 m

〈計算〉

図−2のウエストン公式による給水管の流量図の流量の単位 (L/s) に変換する。

流量48 (L/min) → 48÷60＝0.8 (L/s)

次に流量図から動水勾配を求める。

流量0.8 (L/s)→口径D＝25 ㎜→動水勾配は150‰

動水勾配は I＝h/L ×1000 の式から h＝I ×L ÷1000

管の損失水頭は

h＝I×L ÷1000＝150× (5+1+7+2+5) ÷1000＝150×20÷1000
＝3.0 m

総損失水頭＝管の摩擦損失水頭＋位置水頭

H ＝ 3.0＋ (1+2) ＝ 6.0 m

∴⑵ 6 mとなる。

Important *POINT*

☑ウエストン公式による給水管の流量図

図−2の流量図から、流量と口径から動水勾配を求める方法は次のとおり。

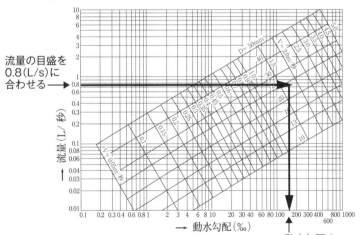

流量の目盛を0.8(L/s)に合わせる→

動水勾配の150(‰)が求められる

図−2 ウエストン公式による給水管の流量図

5-8 直結加圧形ポンプユニットの吐水圧の設定

21 図－1に示す給水装置における直結加圧形ポンプユニットの吐水圧（圧力水頭）として、次のうち、最も近い値はどれか。

ただし、給水管の摩擦損失水頭と逆止弁による損失水頭は考慮するが、管の曲がりによる損失水頭は考慮しないものとし、給水管の流量と動水勾配の関係は、図－2を用いるものとする。また、計算に用いる数値条件は次の通りとする。

①給水栓の使用水量　　　　　　　　　120 L/min
②給水管及び給水用具の口径　　　　　40 mm
③給水栓を使用するために必要な圧力　5 m
④逆止弁の損失水頭　　　　　　　　　10 m

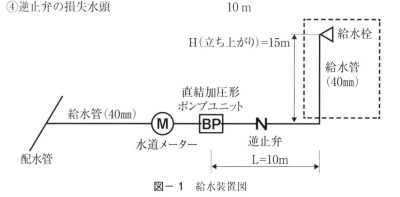

図－1　給水装置図

(1)　30 m
(2)　32 m
(3)　34 m
(4)　36 m
(5)　40 m

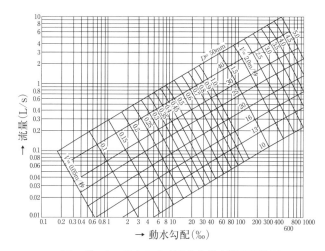

図－2　ウエストン公式による給水管の流量図

【R4・問題35】

21 正解 （2）

（2） 32 m

〈計算〉

①図−2の流量の単位はＬ/sであるので、120L/minの単位をＬ/sに合わせる。

120（L/min）÷60（s）＝2（L/s）

図−2を用いて流量2（L/s）→口径40㎜→動水勾配Ｉ＝85（‰）

なお、動水勾配‰（パーミル）は1000倍して表したもの。

②管の損失水頭はＩ＝（h/Ｌ）×1000

この式からh＝（Ｉ×Ｌ）÷1000

管の延長Ｌ＝10m＋15m＝25m

h＝85×25÷1000≒2.13≒2m

③直結加圧形ポンプユニットの吐水圧（圧力水頭）

＝管の損失水頭＋逆止弁の損失水頭＋給水管の立ち上がり＋給水栓を使用するために必要な圧力

＝2＋10＋15＋5＝32m

これだけは、必ず覚えよう！

　給水装置の基本計画は、基本調査、給水方式、計画使用水量及び給水管口径等の決定からなっている。

1．基本調査

　基本調査は、計画・施工の基礎となる重要な作業であり、調査の良否は計画の策定、施工、さらには給水装置の機能にも影響するものであるので、慎重に行う。

2．給水方式

(1)給水方式の種類

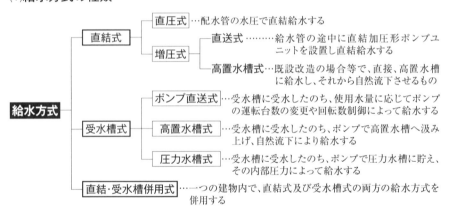

(2)受水槽式を必要とする場合

　①病院等で災害時、事故等による水道の断減水時にも、給水の確保が必要な場合

　②一時に多量の水を使用するとき、又は使用水量の変動が大きいとき等に、配水管の水圧低下を引き起こすおそれがある場合

　③配水管の水圧変動にかかわらず、常時一定の水量、水圧を必要とする場合

　④有毒薬品を使用する工場等、逆流によって配水管の水を汚染するおそれのある場合

3. 計画使用水量の決定

①計画使用水量は給水管の口径を決定する基礎となり、直結式給水は、同時使用水量（L/min）から求められ、受水槽式給水は1日当たりの使用水量（L/日）から求められる。

②受水槽式給水の計画一日使用水量は、建築種類別単位給水量・使用時間・人数を参考にするとともに、当該施設の規模と内容、給水区域内における他の使用実態等を十分に考慮して決定する。

③受水槽容量は、計画一日使用水量の4/10～6/10程度が標準である。

4. 給水管の口径決定

①給水管の口径は、給水用具の立ち上がり高さ（h′）と計画使用水量に対する総損失水頭（Σh）に安全性を考慮した余裕水頭（M）を加えたものが、給水管を取出す配水管の最小動水圧（H）の水頭以下となるよう計算によって定める。

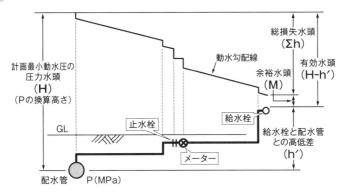

$(h′ + Σh) < H$

給水管の口径は、$Σh ≦ H-h′$ のとき、最も経済的である。

したがって、一般には$Σh$が$H-h′$を超えない程度に近づけるよう計算する。

②給水管の摩擦損失水頭の計算は、口径 50 mm以下はウエストン公式、口径 75 mm以上はヘーゼン・ウィリアム公式による。

③動水勾配とは、水が流れるのに必要な水頭とその距離との比である。千分率 （‰：パーミル）で表す。

　　I＝h／L×1000
　　I：動水勾配（‰）
　　h：水頭（m）
　　L：管路延長（m）

④直管換算長とは、水栓類、水道メーター等による損失水頭が、これと同口径の直管の何メートル分の損失水頭に相当するかを直管の長さで表したものをいう。

5.　水理計算の基礎

①水圧と水頭の換算

　水圧　1 MPa ＝ 1000 kPa　　　　　　　1 kPa ＝ 0.001 MPa

　水圧　1 MPa ＝ 102 m（水頭）

　水頭（m）＝ A（MPa）× 102 m

例：水圧 0.3 MPa を水頭に換算すると、0.3 MPa × 102 m＝30.6 m となる。

②流量と流速

　Q ＝ A・V　　　　Q：流量（m³/h、m³/min、L/s）

　V ＝ Q/A　　　　A：断面積（m²、cm²）　A ＝ π D²/4　D：内径（m、cm）

　A ＝ Q/V　　　　V：流速（m/s）

例：口径 25 mm、流量 0.6 L/s の場合、流速（m/s）はいくらか。

　D ＝ 25 mm ÷ 1000 ＝ 0.025 m　　　　（注：1 m は、1000 mmである。）

　Q ＝ 0.6 L/s ÷ 1000 ＝ 0.0006 m³/s　　（注：1 m³は、1000 L である。）

　A ＝ π D² /4 ＝ 3.14 ×（0.025）² ÷ 4 ＝ 0.00049 m

　V ＝ Q /A ＝ 0.0006 m³/s ÷ 0.00049 m ＝ 1.22 m /s

Chapter 6

給水装置工事事務論

■ 試験科目の主な内容

●工事従事者を指導、監督するために必要な知識を有していること。

●建設業法及び労働安全衛生法等に関する知識を有していること。（※）

例　○給水装置工事主任技術者の役割

　　○指定給水装置工事事業者の任務

　　○建設業法、労働安全衛生法等関係法令に関する知識（※）

※建設業法及び労働安全衛生法等に関する知識については、
「8.給水装置施工管理法」から「6.給水装置工事事務論」に移りました。

■ 過去5年の出題傾向と本書掲載問題数

Chapter 6 給水装置工事事務論	本書掲載問題数	過去5年出題数	2023年[R5] 問題番号	2022年[R4] 問題番号	2021年[R3] 問題番号	2020年[R2] 問題番号	2019年[R1] 問題番号
6-1 給水装置工事主任技術者の職務・選任	5	6	36	38	39	36	36　37
6-2 給水装置の構造及び材質基準の認証・証明	6	7	39　40	36　37	38	39	40
6-3 給水装置工事記録の保存	2	3	37	39			39
6-4 指定給水装置工事事業者の責務と主任技術者	1	1					38
6-5 安全衛生管理体制と作業主任者の業務	3	3			36	37	59
6-6 労働災害・危害防止措置	0	0					
6-7 建築基準法（配管設備等）	3	3	38		37		60
6-8 建設業法（建設業許可・主任技術者・監理技術者等）	4	4		40	40	40	58
計	24	27					

□ は本書掲載を示す

6-1　給水装置工事主任技術者の職務・選任

1　指定給水装置工事事業者（以下、本問においては「指定事業者」という。）及び給水装置工事主任技術者（以下、本問においては「主任技術者」という。）に関する次の記述のうち、**適当なもの**はどれか。

(1)　指定事業者は、厚生労働省令で定める給水装置工事の事業の運営に関する基準に従い適正な給水装置工事の事業の運営に努めなければならない。

(2)　主任技術者は、指定事業者の事業活動の本拠である事業所ごとに選任され、個別の給水装置工事ごとに水道事業者から指名されて、調査、計画、施工、検査の一連の給水装置工事業務の技術上の管理を行う。

(3)　指定事業者から選任された主任技術者は、水道法の定めにより給水装置工事に従事する者の技術力向上のために、研修の機会を確保することが義務付けられている。

(4)　指定事業者及び主任技術者は、水道法に違反した場合、厚生労働大臣から指定の取り消しや主任技術者免状の返納を命じられることがある。

【R5・問題 36】

1 正解 (1)

(1) ○

(2) ×　　主任技術者は、指定事業者の事業活動の本拠である事業所ごとに選任され、個別の給水装置工事ごとに**指定事業者**から指名されて、調査、計画、施工、検査の一連の給水装置工事業務の技術上の管理を行う。

(3) ×　　**指定事業者から選任された主任技術者**は、水道法の定めにより給水装置工事に従事する者の技術力向上のために、研修の機会を確保することが義務付けられている。

(4) ×　　**指定事業者及び**主任技術者は、水道法に違反した場合、厚生労働大臣から**指定の取り消しや**主任技術者免状の返納を命じられることがある。

Important **POINT**

☑**主任技術者の免状の返納**

■水道法第25条の5（給水装置工事主任技術者免状）

「厚生労働大臣は、給水装置工事主任技術者の免状の交付を受けている者がこの法律に違反したときは、その給水装置工事主任技術者免状の返納を命ずることができる。」→設問(4)

　なお、給水装置工事主任技術者の免状の交付、書換え交付、再交付及び返納に関しては厚生労働省令で定められているが、免状の更新制度はない。

6-1 給水装置工事主任技術者の職務・選任

2 給水装置工事における給水装置工事主任技術者（以下本問においては「主任技術者」という。）の職務に関する次の記述の正誤の組み合わせのうち、<u>適当なものはどれか</u>。

ア　主任技術者は、公道下の配管工事について工事の時期、時間帯、工事方法等について、あらかじめ水道事業者から確認を受けることが必要である。

イ　主任技術者は、施主から工事に使用する給水管や給水用具を指定された場合、それらが給水装置の構造及び材質の基準に関する省令に適合していない場合でも、現場の状況に合ったものを使用することができる。

ウ　主任技術者は、工事に当たり施工後では確認することが難しい工事目的物の品質を、施工の過程においてチェックする品質管理を行う必要がある。

エ　主任技術者は、工事従事者の健康状態を管理し、水系感染症に注意して、どのような給水装置工事においても水道水を汚染しないよう管理する。

	ア	イ	ウ	エ
(1)	誤	正	誤	正
(2)	正	誤	誤	正
(3)	正	誤	正	正
(4)	誤	誤	正	誤

【R4・問題 38】

2　　**正解**　(3)

ア　正

イ　誤　　主任技術者は、施主から工事に使用する給水管や給水用具を指定された場合、それらが給水装置の構造及び材質の基準に関する省令に適合していない場合は、**使用することができない**。

ウ　正

エ　正

6-1 給水装置工事主任技術者の職務・選任

3 給水装置工事主任技術者に求められる知識と技能に関する次の記述のうち、**不適当なものはどれか。**

(1) 給水装置工事は、工事の内容が人の健康や生活環境に直結した給水装置の設置又は変更の工事であることから、設計や施工が不良であれば、その給水装置によって水道水の供給を受ける需要者のみならず、配水管への汚水の逆流の発生等により公衆衛生上大きな被害を生じさせるおそれがある。

(2) 給水装置に関しては、布設される給水管や弁類等が地中や壁中に隠れてしまうので、施工の不良を発見することも、それが発見された場合の是正も容易ではないことから、適切な品質管理が求められる。

(3) 給水条例等の名称で制定されている給水要綱には、給水装置工事に関わる事項として、適切な工事施行ができる者の指定、水道メーターの設置位置、指定給水装置工事事業者が給水装置工事を施行する際に行わなければならない手続き等が定められているので、その内容を熟知しておく必要がある。

(4) 新技術、新材料に関する知識、関係法令、条例等の制定、改廃についての知識を不断に修得するための努力を行うことが求められる。

【R3・問題39】

3　正解　(3)

(1)　○

(2)　○

(3)　×　　給水条例等の名称で制定されている**供給規程**には、給水装置工事に
関わる事項として、適切な工事施行ができる者の指定、水道メーター
の設置位置、指定給水装置工事事業者が給水装置工事を施行する際に
行わなければならない手続き等が定められているので、その内容を熟
知しておく必要がある。

(4)　○

6-1 給水装置工事主任技術者の職務・選任

4 水道法に定める給水装置工事主任技術者に関する次の記述のうち、**不適当な**ものはどれか。

(1) 給水装置工事主任技術者試験の受験資格である「給水装置工事の実務の経験」とは、給水装置の工事計画の立案、現場における監督、施行の計画、調整、指揮監督又は管理する職務に従事した経験、及び、給水管の配管、給水用具の設置その他給水装置工事の施行を実地に行う職務に従事した経験のことをいい、これらの職務に従事するための見習い期間中の技術的な経験は対象とならない。

(2) 給水装置工事主任技術者の職務のうち「給水装置工事に関する技術上の管理」とは、事前調査、水道事業者等との事前調整、給水装置の材料及び機材の選定、工事方法の決定、施工計画の立案、必要な機械器具の手配、施工管理及び工程毎の仕上がり検査等の管理をいう。

(3) 給水装置工事主任技術者の職務のうち「給水装置工事に従事する者の技術上の指導監督」とは、工事品質の確保に必要な、工事に従事する者の技能に応じた役割分担の指示、分担させた従事者に対する品質目標、工期その他施工管理上の目標に適合した工事の実施のための随時の技術的事項の指導及び監督をいう。

(4) 給水装置工事主任技術者の職務のうち「水道事業者の給水区域において施行する給水装置工事に関し、当該水道事業者と行う連絡又は調整」とは、配水管から給水管を分岐する工事を施行しようとする場合における配水管の位置の確認に関する連絡調整、工事に係る工法、工期その他の工事上の条件に関する連絡調整、及び軽微な変更を除く給水装置工事を完了した旨の連絡のことをいう。

【R2・問題36】

4 正解 (1)

(1) ×　給水装置工事主任技術者試験の受験資格である「給水装置工事の実務の経験」とは、給水装置の工事計画の立案、現場における監督、施行の計画、調整、指揮監督又は管理する職務に従事した経験、及び、給水管の配管、給水用具の設置その他給水装置工事の施行を実地に行う職務に従事した経験のことをいい、これらの職務に従事するための見習い期間中の技術的な経験**も含まれる**。

(2) ○

(3) ○

(4) ○

6-1 給水装置工事主任技術者の職務・選任

5 給水装置工事における給水装置工事主任技術者（以下、本問においては「主任技術者」という。）の職務に関する次の記述の正誤の組み合わせのうち、<u>適当なものはどれか</u>。

ア 主任技術者は、調査段階、計画段階に得られた情報に基づき、また、計画段階で関係者と調整して作成した施工計画書に基づき、最適な工程を定めそれを管理しなければならない。

イ 主任技術者は、工事従事者の安全を確保し、労働災害の防止に努めるとともに、水系感染症に注意して水道水を汚染しないよう、工事従事者の健康を管理しなければならない。

ウ 主任技術者は、配水管と給水管の接続工事や道路下の配管工事については、水道施設の損傷、漏水による道路の陥没等の事故を未然に防止するため、必ず現場に立ち会い施行上の指導監督を行わなければならない。

エ 主任技術者は、給水装置工事の事前調査において、技術的な調査を行うが、必要となる官公署等の手続きを漏れなく確実に行うことができるように、関係する水道事業者の供給規程のほか、関係法令等も調べる必要がある。

```
       ア    イ    ウ    エ
(1)    正    正    誤    正
(2)    誤    誤    正    誤
(3)    誤    正    誤    正
(4)    正    誤    正    誤
```

【R1・問題37】

5　**正解**　(1)

ア　正

イ　正

ウ　誤　　主任技術者は、配水管と給水管の接続工事や道路下の配管工事については、水道施設の損傷、漏水による道路の陥没等の事故を未然に防止するため、**適切に作業を行うことができる技能を有する者に工事を行わせるか又は実施に監督させるようにしなければならない。**

エ　正

6-2　給水装置の構造及び材質基準の認証・証明

6　給水装置の構造及び材質の基準に係る認証制度に関する次の記述の正誤の組み合わせのうち、**適当なものはどれか。**

ア　自己認証は、給水管、給水用具の製造業者等が自ら又は製品試験機関等に委託して得たデータや作成した資料等に基づき、性能基準適合品であることを証明するものである。

イ　自己認証において各製品は、設計段階で基準省令に定める性能基準に適合していることを証明することで、認証品として使用できる。

ウ　第三者認証は、中立的な第三者機関が製品や工場検査等を行い、基準に適合しているものについては基準適合品として登録して認証製品であることを示すマークの表示を認める方法である。

エ　日本産業規格（JIS 規格）に適合している製品及び日本水道協会による団体規格等の検査合格品は、全て性能基準適合品である。

```
      ア　　イ　　ウ　　エ
(1)　正　　正　　誤　　誤
(2)　誤　　正　　正　　誤
(3)　誤　　正　　誤　　正
(4)　正　　誤　　正　　誤
(5)　正　　誤　　誤　　正
```

【R5・問題 39】

6 正解 (4)

ア 正

イ 誤 自己認証において各製品は、設計段階で基準省令に定める性能基準に適合していることを証明**及び製品品質の安定性を証明する**ことで、認証品として使用できる。

ウ 正

エ 誤 日本産業規格（JIS規格）に適合している製品及び日本水道協会による団体規格等の検査合格品は、全て**が**性能基準適合品**ではない**。

Important *POINT*

☑**自己認証**

　給水管及び給水用具の性能基準適合性の証明を、製造業者等が自ら又は製品試験機関等に委託して得たデータや作成した資料等によって行うことを**自己認証**という。設計段階での基準適合性が証明されたからといってすべての製品が安全と直ちにいえるものでなく、製品の安定性の証明が重要である。これは、ISO（国際標準化機構）9000シリーズの認証取得や活動などにより、品質管理が確実に行われている工場で製造された製品であることによって証明されるものであるとしている。→設問イ

☑**認証基準**

　基準省令に定められている性能基準は、給水管及び給水器具ごとにその性能と設置場所に応じて適用される。→設問エ

6-2 給水装置の構造及び材質基準の認証・証明

7 給水装置用材料の基準適合品に関する次の記述の正誤の組み合わせのうち、<u>適当なものはどれか。</u>

ア 給水装置用材料が使用可能か否かは、基準省令に適合しているか否かであり、この判断のために製品等に表示している適合マークがある。

イ 厚生労働省では、製品ごとのシステム基準への適合性に関する情報を全国で利用できるよう、給水装置データベースを構築している。

ウ 厚生労働省の給水装置データベースに掲載されている情報は、製造者等の自主情報に基づくものであり、その内容は情報提供者が一切の責任を負う。

エ 厚生労働省の給水装置データベースの他に、第三者認証機関のホームページにおいても情報提供サービスが行われている。

	ア	イ	ウ	エ
(1)	誤	正	誤	正
(2)	誤	誤	正	正
(3)	正	誤	正	誤
(4)	正	正	誤	誤

【R5・問題40】

7 **正解** ⑵

ア 誤 給水装置用材料が使用可能か否かは、基準省令に適合しているか否かであり、この判断のために製品等に表示している**認証**マークがある。

イ 誤 厚生労働省では、製品ごとの**性能**基準への適合性に関する情報を全国で利用できるよう、給水装置データベースを構築している。

ウ 正

エ 正

6-2　給水装置の構造及び材質基準の認証・証明

8　給水装置の構造及び材質の基準（以下本問においては「構造材質基準」という。）に関する次の記述のうち、<u>不適当なもの</u>はどれか。

(1)　厚生労働省令に定められている「構造材質基準を適用するために必要な技術的細目」のうち、個々の給水管及び給水用具が満たすべき性能及びその定量的な判断基準（以下本問においては「性能基準」という。）は4項目の基準からなっている。

(2)　構造材質基準適合品であることを証明する方法は、製造者等が自らの責任で証明する「自己認証」と第三者機関に依頼して証明する「第三者認証」がある。

(3)　JISマークの表示は、国の登録を受けた民間の第三者機関がJIS適合試験を行い、適合した製品にマークの表示を認める制度である。

(4)　厚生労働省では製品ごとの性能基準への適合性に関する情報が、全国的に利用できるよう、給水装置データベースを構築している。

【R4・問題36】

8 　正解　(1)

(1)　×　　厚生労働省令に定められている「構造材質基準を適用するために必要な技術的細目」のうち、個々の給水管及び給水用具が満たすべき性能及びその定量的な判断基準（以下本問においては「性能基準」という。）は **7項目** の基準からなっている。

(2)　○

(3)　○

(4)　○

6-2　給水装置の構造及び材質基準の認証・証明

9　個々の給水管及び給水用具が満たすべき性能及びその定量的な判断基準（以下本問においては「性能基準」という。）に関する次の記述のうち、<u>不適当な</u><u>ものはどれか。</u>

(1)　給水装置の構造及び材質の基準（以下本問においては「構造材質基準」という。）に関する省令は、性能基準及び給水装置工事が適正に施行された給水装置であるか否かの判断基準を明確化したものである。

(2)　給水装置に使用する給水管で、構造材質基準に関する省令を包含する日本産業規格（JIS 規格）や日本水道協会規格（JWWA 規格）等の団体規格に適合した製品も使用可能である。

(3)　第三者認証を行う機関の要件及び業務実施方法については、国際整合化等の観点から、ISO のガイドラインに準拠したものであることが望ましい。

(4)　第三者認証を行う機関は、製品サンプル試験を行い、性能基準に適しているか否かを判定するとともに、基準適合製品が安定・継続して製造されているか否か等の検査を行って基準適合性を認証した上で、当該認証機関の認証マークを製品に表示することを認めている。

(5)　自己認証においては、給水管、給水用具の製造業者が自ら得たデータや作成した資料等に基づいて、性能基準適合品であることを証明しなければならない。

【R4・問題 37】

9 正解 (5)

(1) ○

(2) ○

(3) ○

(4) ○

(5) ×　　自己認証においては、給水管、給水用具の製造業者が自ら得たデータや作成した資料等に基づいて、性能基準適合品であること、**と当該製品が製造段階で品質の安定性が確保されていること**を証明しなければならない。

6-2 給水装置の構造及び材質基準の認証・証明

10 給水装置用材料の基準適合品の確認方法に関する次の記述の ［　　　］内に入る語句の組み合わせのうち、適当なものはどれか。

　給水装置用材料が使用可能か否かは、給水装置の構造及び材質の基準に関する省令に適合しているか否かであり、これを消費者、指定給水装置工事事業者、水道事業者等が判断することとなる。この判断のために製品等に表示している ［ ア ］マークがある。
　また、制度の円滑な実施のために ［ イ ］では製品ごとの ［ ウ ］基準への適合性に関する情報が全国的に利用できるよう ［ エ ］データベースを構築している。

	ア	イ	ウ	エ
(1)	認証	経済産業省	性能	水道施設
(2)	適合	厚生労働省	システム	給水装置
(3)	適合	経済産業省	システム	水道施設
(4)	認証	厚生労働省	性能	給水装置

【R3・問題38】

10 正解 (4)

ア　認証
イ　厚生労働省
ウ　性能
エ　給水装置

　給水装置用材料が使用可能か否かは、給水装置の構造及び材質の基準に関する省令に適合しているか否かであり、これを消費者、指定給水装置工事事業者、水道事業者等が判断することとなる。この判断のために製品等に表示している**認証**マークがある。

　また、制度の円滑な実施のために**厚生労働省**では製品ごとの**性能**基準への適合性に関する情報が全国的に利用できるよう**給水装置**データベースを構築している。

 Important **POINT**

☑給水装置のデータベース

　厚生労働省では、製品ごとの性能基準への適合性に関する情報を全国的に利用できる給水装置のデータベースを構築している。

　給水装置のデータベースは、以下のようになっている。

①基準に適合した製品名、製造業者名、基準適合の内容、基準適合性の証明方法及び基準適合性を証明したものに関する情報を集積している。

②製品類型別、製造業者別に検索を行える機能を具備している。

③インターネットを介して接続可能である。

④データベースに掲載されている情報は、製造業者等の自主情報に基づくものであり、その内容については情報提供者が一切の責任を負う。

6-2　給水装置の構造及び材質基準の認証・証明

11　給水装置工事の構造及び材質の基準に関する省令に関する次の記述のうち、**不適当なもの**はどれか。

(1)　厚生労働省の給水装置データベースのほかに、第三者認証機関のホームページにおいても、基準適合品の情報提供サービスが行われている。

(2)　給水管及び給水用具が基準適合品であることを証明する方法としては、製造業者等が自らの責任で証明する自己認証と製造業者等が第三者機関に証明を依頼する第三者認証がある。

(3)　自己認証とは、製造業者が自ら又は製品試験機関等に委託して得たデータや作成した資料によって行うもので、基準適合性の証明には、各製品が設計段階で基準省令に定める性能基準に適合していることの証明で足りる。

(4)　性能基準には、耐圧性能、浸出性能、水撃限界性能、逆流防止性能、負圧破壊性能、耐寒性能及び耐久性能の7項目がある。

【R1・問題40】

11 　**正解**　(3)

(1)　○

(2)　○

(3)　×　　自己認証とは、製造業者が自ら又は製品試験機関等に委託して得た
データや作成した資料によって行うもので、基準適合性の証明には、
各製品が設計段階で基準省令に定める性能基準に適合していること
の証明と**製造段階で品質の安定性が確保されていることの証明が必
要となる。**

(4)　○

6-3 給水装置工事記録の保存

[12] 給水装置工事の記録及び保存に関する次の記述の正誤の組み合わせのうち、適当なものはどれか。

ア 給水装置工事主任技術者は、施主の氏名又は名称、施行場所、完了年月日、給水装置工事主任技術者の氏名、竣工図、使用した材料に関する事項、給水装置の構造材質基準への適合性確認の方法及びその結果についての記録を作成し、保存しなければならない。

イ 指定給水装置工事事業者は、給水装置工事の施行を申請したとき用いた申請書に記録として残すべき事項が記載されていれば、その写しを記録として保存してもよい。

ウ 給水装置工事主任技術者は、単独水栓の取り替えなど給水装置の軽微な変更であっても、給水装置工事の記録を作成し、保存しなければならない。

エ 指定給水装置工事事業者は、水道法に基づき施主に給水装置工事の記録の写しを提出しなければならない。

	ア	イ	ウ	エ
(1)	誤	正	誤	正
(2)	正	正	誤	誤
(3)	誤	誤	正	正
(4)	正	誤	正	誤

【R5・問題37】

12　　**正解**　(2)

ア　正

イ　正

ウ　誤　　給水装置工事主任技術者は、単独水栓の取り替えなど給水装置の軽
微な変更は、給水装置工事の記録**を保存しなくてよい**。

エ　誤　　指定給水装置工事事業者は、水道法に基づき**施主に**給水装置工事の
記録を**作成し、3年間保存しなければならない**。

6-3 給水装置工事記録の保存

13 給水装置工事の記録、保存に関する次の記述のうち、適当なものはどれか。

(1) 給水装置工事主任技術者は、給水装置工事を施行する際に生じた技術的な問題点等について、整理して記録にとどめ、以後の工事に活用していくことが望ましい。

(2) 指定給水装置工事事業者は、給水装置工事の記録として、施主の氏名又は名称、施行の場所、竣工図等の記録を作成し、5年間保存しなければならない。

(3) 給水装置工事の記録作成は、指名された給水装置工事主任技術者が作成するが、いかなる場合でも他の従業員が行ってはいけない。

(4) 給水装置工事の記録については、水道法施行規則に定められた様式に従い作成しなければならない。

【R4・問題39】

13　正解　(1)

(1)　○

(2)　×　　指定給水装置工事事業者は、給水装置工事の記録として、施主の氏名又は名称、施行の場所、竣工図等の記録を作成し、**3年間**保存しなければならない。

(3)　×　　給水装置工事の記録作成は、指名された給水装置工事主任技術者が作成するが、**主任技術者の指導・監督のもとで他の従業員が行ってもよい**。

(4)　×　　給水装置工事の記録については、**特に様式が定められているものではないが、作成しなければならない**。

Important *POINT*

☑**給水装置工事記録の保存**

　この記録については特に様式が定められているものではない。→設問(4)したがって、水道事業者に給水装置工事の施行を申請したときの申請書に残すべき事項が記録されていれば、その写しを保存することもできる。また、電子記録を活用することもできる。事務の遂行に最も都合がよい方法で記録を作成して保存すればよいものである。

6-4　指定給水装置工事事業者の責務と主任技術者

14 指定給水装置工事事業者（以下、本問においては「工事事業者」という。）に関する次の記述のうち、<u>不適当なもの</u>はどれか。

(1)　水道事業者より工事事業者の指定を受けようとする者は、当該水道事業者の給水区域について工事の事業を行う事業所の名称及び所在地等を記載した申請書を、水道事業者に提出しなければならない。この場合、事業所の所在地は当該水道事業者の給水区域内でなくともよい。

(2)　工事事業者は、配水管から分岐して給水管を設ける工事及び給水装置の配水管への取付口から水道メーターまでの工事を施行するときは、あらかじめ当該給水区域の水道事業者の承認を受けた工法及び工期に適合するように当該工事を施行しなければならない。

(3)　工事事業者の指定の取り消しは、水道法の規定に基づく事由に限定するものではない。水道事業者は、条例などの供給規程により当該給水区域だけに適用される指定の取消事由を定めることが認められている。

(4)　水道法第16条の2では、水道事業者は、供給規程の定めるところにより当該水道によって水の供給を受ける者の給水装置が当該水道事業者又は工事事業者の施行した給水装置工事に係るものであることを供給条件とすることができるとされているが、厚生労働省令で定める給水装置の軽微な変更は、この限りでない。

【R1・問題38】

14 正解 (3)

(1) ○

(2) ○

(3) ×　　工事事業者の指定の取り消しは、水道法の規定に基づく事由に限定するもので**ある**。水道事業者は、条例などの供給規程により当該給水区域だけに適用される指定の取消事由を定めることが認められて**いない**。

(4) ○

6-5 安全衛生管理体制と作業主任者の業務

15 労働安全衛生法上、酸素欠乏危険場所で作業する場合の事業者の措置に関する次の記述のうち、誤っているものはどれか。

(1) 事業者は、酸素欠乏危険作業主任者を選任しなければならない。

(2) 事業者は、作業環境測定の記録を3年間保存しなければならない。

(3) 事業者は、労働者を作業場所に入場及び退場させるときは、人員を点検しなければならない。

(4) 事業者は、作業場所の空気中の酸素濃度を16％以上に保つように換気しなければならない。

(5) 事業者は、酸素欠乏症等にかかった労働者に、直ちに医師の診察又は処置を受けさせなければならない。

【R3・問題36】

15　正解　(4)

(1)　○

(2)　○

(3)　○

(4)　×　　事業者は、作業場所の空気中の酸素濃度を <u>18</u> ％以上に保つように換気しなければならない。

(5)　○

6-5　安全衛生管理体制と作業主任者の業務

16　労働安全衛生法施行令に規定する作業主任者を選任しなければならない作業に関する次の記述の正誤の組み合わせのうち、<u>適当なもの</u>はどれか。

ア　掘削面の高さが1.5 m以上となる地山の掘削の作業
イ　土止め支保工の切りばり又は腹おこしの取付け又は取外しの作業
ウ　酸素欠乏危険場所における作業
エ　つり足場、張り出し足場又は高さが5 m以上の構造の足場の組み立て、解体又は変更作業

	ア	イ	ウ	エ
(1)	誤	正	正	正
(2)	正	誤	誤	正
(3)	誤	正	正	誤
(4)	正	誤	正	誤
(5)	誤	誤	誤	正

【R2・問題 37】

16　正解 （1）

ア　誤　　掘削面の高さが**2.0 m**以上となる地山の掘削の作業
イ　正
ウ　正
エ　正

Important *POINT*

☑作業主任者

　労働安全衛生法第14条の規定により、労働安全衛生規則第16条に作業主任者の選任について、別表第1に作業区分に応じた作業主任者が示されている。

　なお、「つり上げ荷量が1t以上の移動式クレーンの玉掛けの業務」には、作業主任者は掲げられていない。

作業の区分	作業主任者の名称
土止め支保工の切りばり又は腹起こしの取付け又は取外しの作業	土止め支保工作業主任者
酸素欠乏症にかかるおそれ及び硫化水素中毒にかかるおそれのある場所として厚生労働大臣が定める場所における作業	酸素欠乏危険作業主任者
掘削面の**高さ**が2 m以上となる地山の掘削 （ずい道及びたて坑以外の坑の掘削を除く）の作業→設問ア	地山の掘削作業主任者
つり上げ荷量が1t以上の移動式クレーンの玉掛けの業務	

6-5　安全衛生管理体制と作業主任者の業務

17　労働安全衛生法に定める作業主任者に関する次の記述の ◯ 内に入る語句の組み合わせのうち、**適当なものはどれか**。

　事業者は、労働災害を防止するための管理を必要とする ア で定める作業については、 イ の免許を受けた者又は イ あるいは イ の指定する者が行う技能講習に修了した者のうちから、 ウ で定めるところにより、作業の区分に応じて、作業主任者を選任しなければならない。

	ア	イ	ウ
(1)	法律	都道府県労働局長	条例
(2)	政令	都道府県労働局長	厚生労働省令
(3)	法律	厚生労働大臣	条例
(4)	政令	厚生労働大臣	厚生労働省令

【R1・問題 59】

17 正解 （2）

ア　政令
イ　都道府県労働局長
ウ　厚生労働省令

　事業者は、労働災害を防止するための管理を必要とする**政令**で定める作業については、**都道府県労働局長**の免許を受けた者又は**都道府県労働局長**あるいは**都道府県労働局長**の指定する者が行う技能講習に修了した者のうちから、**厚生労働省令**で定めるところにより、作業の区分に応じて、作業主任者を選任しなければならない。

6-7 建築基準法(配管設備等)

18 建築基準法に基づき建築物に設ける飲料水の配管設備に関する次の記述のうち、<u>不適当なもの</u>はどれか。

(1) 給水立て主管からの各階への分岐管等主要な分岐管には、分岐点に近接した部分で、かつ、操作を容易に行うことができる部分に安全弁を設けること。

(2) ウォーターハンマーが生ずるおそれがある場合においては、エアチャンバーを設けるなど有効なウォーターハンマー防止のための措置を講ずること。

(3) 給水タンク内部に飲料水の配管設備以外の配管設備を設けないこと。

(4) 給水タンクの上にポンプ、ボイラー、空気調和機等の機器を設ける場合は、飲料水を汚染することのないように衛生上必要な措置を講ずること。

【R5・問題38】

18　**正解**　(1)

(1)　×　　給水立て主管からの各階への分岐管等主要な分岐管には、分岐点に近接した部分で、かつ、操作を容易に行うことができる部分に**止水弁**を設けること。

(2)　○

(3)　○

(4)　○

6-7 建築基準法（配管設備等）

19 建築物に設ける飲料水の配管設備に関する次の記述の正誤の組み合わせのうち、適当なものはどれか。

ア ウォーターハンマーが生ずるおそれがある場合においては、エアチャンバーを設けるなど有効なウォーターハンマー防止のための措置を講ずる。

イ 給水タンクは、衛生上有害なものが入らない構造とし、金属性のものにあっては、衛生上支障のないように有効なさび止めのための措置を講ずる。

ウ 防火対策のため、飲料水の配管と消火用の配管を直接連結する場合は、仕切弁及び逆止弁を設置するなど、逆流防止の措置を講ずる。

エ 給水タンク内部に飲料水以外の配管を設置する場合には、さや管などにより、防護措置を講ずる。

	ア	イ	ウ	エ
(1)	正	誤	正	誤
(2)	正	正	誤	誤
(3)	誤	正	正	正
(4)	誤	誤	正	正
(5)	誤	正	誤	正

【R3・問題37】

20 建築物の内部、屋上又は最下階の床下に設ける給水タンク及び貯水タンク（以下「給水タンク等」という）の配管設備の構造方法に関する次の記述のうち、不適当なものはどれか。

(1) 給水タンク等の天井は、建築物の他の部分と兼用できる。

(2) 給水タンク等の内部には、飲料水の配管設備以外の配管設備を設けない。

(3) 給水タンク等の上にポンプ、ボイラー、空気調和機等の機器を設ける場合においては、飲料水を汚染することのないように衛生上必要な措置を講ずる。

(4) 最下階の床下その他浸水によりオーバーフロー管から水が逆流するおそれのある場所に給水タンク等を設置する場合にあっては、浸水を容易に覚知することができるよう浸水を検知し警報する装置の設置その他の措置を講じる。

【R1・問題60】

19 正解 (2)

ア 正

イ 正

ウ 誤 防火対策のため、飲料水の配管と消火用の配管を直接連結**してはならない**。

エ 誤 給水タンク内部に飲料水以外の**配管設備を設けないこと**。

Important POINT

☑ **給水設備のクロスコネクションの禁止**

水道法施行令第6条第1項第六号に「当該給水装置以外の水管その他の設備に直接連結されていないこと。」とあり、また、建築基準法施行令第129条の2の4第2項第一号には、「飲料水の配管設備（これと給水系統を同じくする配管設備を含む。）とその他の配管設備とは、直接連結させないこと。」とある。**受水槽以下の給水設備も給水装置と同様、クロスコネクションを禁止したものである。**→設問ウ

20 正解 (1)

(1) × 給水タンク等の天井は、建築物の他の部分と兼用**できない**。

(2) ○

(3) ○

(4) ○

6-8 建設業法（建設業許可・主任技術者・監理技術者等）

21 建設業法に関する次の記述のうち、<u>不適当なもの</u>はどれか。

(1) 建設業を営む場合には、建設業の許可が必要であり、許可要件として、建設業を営もうとするすべての営業所ごとに、一定の資格又は実務経験を持つ専任の技術者を置かなければならない。

(2) 建設業を営もうとする者のうち、2以上の都道府県の区域内に営業所を設けて営業をしようとする者は、本店のある管轄の都道府県知事の許可を受けなければならない。

(3) 建設業法第 26 条第 1 項に規定する主任技術者及び同条第 2 項に規定する監理技術者は、同法に基づき、工事を適正に実施するため、工事の施工計画の作成、工程管理、品質管理、その他の技術上の管理や工事の施工に従事する者の技術上の指導監督を行う者である。

(4) 工事 1 件の請負代金の額が建築一式工事にあっては 1,500 万円に満たない工事又は延べ面積が 150 ㎡に満たない木造住宅工事、建築一式工事以外の建設工事にあっては 500 万円未満の軽微な工事のみを請け負うことを営業とする者は、建設業の許可は必要がない。

【R4・問題 40】

21 　**正解** （2）

(1) ○

(2) ×　　　建設業を営もうとする者のうち、2以上の都道府県の区域内に営業所を設けて営業をしようとする者は、**国土交通大臣**の許可を受けなければならない。

(3) ○

(4) ○

6-8 建設業法（建設業許可・主任技術者・監理技術者等）

22 　一般建設業において営業所ごとに専任する一定の資格と実務経験を有する者について、管工事業で実務経験と認定される資格等に関する次の記述のうち、**不適当なもの**はどれか。

(1)　技術士の2次試験のうち一定の部門（上下水道部門、衛生工学部門等）に合格した者

(2)　建築設備士となった後、管工事に関し1年以上の実務経験を有する者

(3)　給水装置工事主任技術者試験に合格した後、管工事に関し1年以上の実務経験を有する者

(4)　登録計装試験に合格した後、管工事に関し1年以上の実務経験を有する者

【R3・問題40】

23 　給水装置工事主任技術者と建設業法に関する次の記述のうち、**不適当なもの**はどれか。

(1)　建設業の許可は、一般建設業許可と特定建設業許可の二つがあり、どちらの許可も建設工事の種類ごとに許可を取得することができる。

(2)　水道法による給水装置工事主任技術者免状の交付を受けた後、管工事に関し1年以上の実務経験を有する者は、管工事業に係る営業所専任技術者になることができる。

(3)　所属する建設会社と直接的で恒常的な雇用契約を締結している営業所専任技術者は、勤務する営業所の請負工事で、現場の業務に従事しながら営業所での職務も遂行できる距離と常時連絡を取れる体制を確保できれば、当該工事の専任を要しない監理技術者等になることができる。

(4)　2以上の都道府県の区域内に営業所を設けて建設業を営もうとする者は、本店のある管轄の都道府県知事の許可を受けなければならない。

【R2・問題40】

22 正解 (3)

(1) ○

(2) ○

(3) × <u>給水装置工事主任技術者免状が交付され</u>た後、管工事に関し1年以上の実務経験を有する者

(4) ○

23 正解 (4)

(1) ○

(2) ○

(3) ○

(4) × 2以上の都道府県の区域内に営業所を設けて建設業を営もうとする者は、<u>国土交通大臣</u>の許可を受けなければならない。

Important *POINT*

☑管工事業に係る営業所専任技術者

水道法による給水装置工事主任技術者免状の交付を受けた後、管工事に関し1年以上の実務経験を有する給水装置工事主任技術者が、管工事業に係る営業所専任技術者となりうる者である。→設問(2)

6-8　建設業法（建設業許可・主任技術者・監理技術者等）

24　建設業法第26条に関する次の記述の 　　　 内に入る語句の組み合わせのうち、適当なものはどれか。

　発注者から直接建設工事を請け負った ア は、下請契約の請負代金の額（当該下請契約が二つ以上あるときは、それらの請負代金の総額）が イ 万円以上になる場合においては、 ウ を置かなければならない。

	ア	イ	ウ
(1)	特定建設業者	1,000	主任技術者
(2)	一般建設業者	4,000	主任技術者
(3)	一般建設業者	1,000	監理技術者
(4)	特定建設業者	4,000	監理技術者

【R1・問題58】

24　正解　(4)

ア　特定建設業者
イ　4,000（※）
ウ　監理技術者

　発注者から直接建設工事を請け負った**特定建設業者**は、下請契約の請負代金の額（当該下請契約が二つ以上あるときは、それらの請負代金の総額）が**4,000万円**（※）以上になる場合においては、**監理技術者**を置かなければならない。

（※）「建設業法施行令の一部を改正する政令」が令和4年11月18日に公布され、特定建設業の許可・監理技術者の配置・施工体制台帳の作成を要する下請代金額の下限が現行の4000万円から4500万円に改正された。これは令和5年1月1日から施行される（【金額要件の見直し関係】）。

まとめ

これだけは、必ず覚えよう！

1．工事事務論

(1) 給水装置工事主任技術者の役割

①主任技術者は、調査、計画、施工、検査の一連の業務からなる工事全体を管理し、工事従事者に対する指導監督が十分にとれる体制が整備されていることが必要である。

②主任技術者は、施主が望む給水装置工事を完成させるために、構造及び材質の基準及び基準省令、工事現場の状況、工事内容、工事内容に応じて必要となる工事の種類及びその技術的な難易度を熟知していなければならない。

(2) 給水装置工事主任技術者に求められる知識と技能

①調査……事前調査、水道事業者との調整

②計画……給水装置工事の資機材の選定、工事方法の決定、必要な機械器具の手配、施工計画・施工図の作成、給水装置工事の設計審査

③施工……工事従事者に対する技術上の指導監督、工程管理・品質管理・安全管理、工事従事者の健康管理

④検査……主任技術者は、自ら又はその責任のもと信頼できる現場の従事者に指示することにより、適正な竣工検査を確実に実施する。

⑤水道法17条による給水装置の検査……水道事業者は、指定給水装置工事事業者に対し、当該工事の主任技術者を検査に立ち合わせることを求めることができる。

(3) 基準適合品の使用等

①主任技術者は、給水装置工事に使用する給水管や給水用具について、その製品の製造業者等に対して構造及び材質の基準に適合していることが判断できる資料の提出を求めること等により、基準に適合している製品であることを確認した上で使用しなければならない。

②給水装置に用いる製品は、構造及び材質の基準に適合していることを自己認証により証明された製品、又は第三者認証機関によって認証され、その認証済マークが表示されている製品を、使用しなければならない。

③日本産業規格（JIS）、製造業者等の団体の規格、海外認証機関の規格等の製品規格のうち、その性能基準項目の全部に係る性能条件が基準省令の性能基準と

同等以上の基準の適合製品については、性能基準に適合しているものと判断して使用することができる。

(4) 給水装置工事記録の保存

①工事事業者は、施工した給水装置工事の施主の氏名又は名称、施行場所、施行完了年月日、その工事の技術上の管理を行った主任技術者の氏名、施工図、使用した材料のリストと数量、工程ごとの給水装置の構造及び材質の基準への適合性確認の方法及びその結果、竣工検査の結果についての記録を作成し、**3年間**保存しなければならない。

②主任技術者が記録の作成をすることになるが、主任技術者の指導・監督のもとで他の従業員が行ってもよい。

2. 給水装置の構造及び材質の基準に係る認証制度

(1) 認証制度の基準

①基準省令に示す基準は、耐圧に関する基準、浸出等に関する基準、水撃限界に関する基準、防食に関する基準、逆流防止に関する基準、耐寒に関する基準、耐久に関する基準からなっている。

②基準省令に定める性能基準は、耐圧性能、浸出性能、水撃限界性能、逆流防止性能、負圧破壊性能、耐寒性能、耐久性能の**7項目**の基準が定められている。

③逆流防止に関する基準には、逆流防止性能と負圧破壊性能が含まれる。

④性能基準は、給水管及び給水用具ごとにその性能と使用場所に応じて適用される。

⑤給水管の場合は耐圧性能と浸出性能が必要であり、給水栓（飲用）の場合には耐圧性能、浸出性能及び水撃限界性能が必要となる。

⑥ユニット製品の場合には、使用状況、設置条件等から総合的に判断して、給水装置システムの基準及び性能基準を適用する必要がある。

(2) 基準適合品の証明方法

基準適合品であることを証明する方法としては、「自己認証」と「第三者認証」がある。そのほか基準適合品の使用等に示す製品規格（JIS規格等）に適合している製品も基準適合品である。

①自己認証……製造業者等が、給水管及び給水用具が基準適合品であることを自らの責任で証明することをいう。

・自己認証の方法として、自己認証のための基準適合性の証明は、各製品が設計段階で基準省令に定める性能基準に適合していることの証明と、当該製品が製造段階で品質の安定性が確保されていることの証明が必要である。

・製品品質の安定性の証明には、ISO（国際標準化機構）9000シリーズの認証を取得し、その活用等が必要である。

②第三者認証……製造業者が第三者機関に依頼して、当該の給水管及び給水用具が基準適合品であることを証明してもらうことをいう。

・第三者認証の方法として、第三者認証機関は製品サンプル試験を行い、性能基準に適合しているか否かを判断するとともに、基準適合品が安定・継続して製造されているか否か等の検査を行って基準適合性を認証したうえで、当該認証機関の認証マークを製品に表示することを認める。

・現在、第三者認証業務を行っている機関は、（公社）日本水道協会（JWWA）、（一財）日本燃焼機器検査協会（JHIA）、（一財）日本ガス機器検査協会（JIA）、（一財）電気安全環境研究所（JET）がある。

(3) 基準適合品の確認方法

厚生労働省では、給水装置データベースを構築し、消費者、指定給水装置工事事業者、水道事業者等が利用できるようにしている。

3. 建設業法、労働安全衛生法の関係法令の概要

(1) 建設業法と給水装置工事主任技術者

①水道法による給水装置工事主任技術者免状の交付を受けた後、管工事に関し**1年以上**の実務経験を有する同主任技術者が管工事業に係る営業所専任技術者となりうる。

②給水装置工事主任技術者は、管工事業の営業所選任技術者として、建設業法に基づき、工事現場における適正な工事を実施するために、工事の施行計画の作成、工程管理、品質管理、技術上の管理や工事の施行に従事する者の技術上の指導監督を行う。

③工事1件の請負代金の額が建築一式工事にあっては**1,500万円**に満たない工事又は延べ面積が**150㎡**に満たない木造住宅工事、建築一式工事以外の建設工事にあっては**500万円**未満の軽微な工事のみを請け負うことを営業とする者は、建設業の許可は必要なく、営業所に選任技術者を置く規定から外れる。

⑵ 労働安全衛生法と給水装置工事主任技術者

　給水装置工事主任技術者は、営業所選任技術者として、適正な工事の施行のための技術上の管理の他、工事施行に伴う公衆災害、労働災害等の発生を防止するための安全管理の一端を担う立場にある。

⑶ 作業主任者

　政令で定める作業主任者を選任する必要がある管工事業の作業には、次のものがある。

作業主任者等の作業区分等

作業の区分	資格を有する者	名　称
掘削面の高さが 2 m 以上となる地山の掘削（ずい道及びたて坑以外の抗の掘削を除く。）の作業	地山の掘削作業主任者技能講習を修了した者	地山の掘削作業主任者
土止め支保工の切りばり又は腹起こしの取付け又は取外しの作業	土止め支保工の組立て等作業主任技能講習を修了した者	土止め支保工作業主任者
酸素欠乏危険場所の作業のうち、次の項に揚げる作業以外の作業	第一種酸素欠乏危険作業主任者技能講習又は第二種酸素欠乏危険作業主任者技能講習を修了した者	酸素欠乏危険作業主任者
酸素欠乏危険場所の作業のうち、労働安全衛生法施行令別表第 6 第 3 号の 3、第 9 号又は第 12 号に揚げる酸素欠乏危険場所（同号に揚げる場所にあっては、酸素欠乏症にかかるおそれ及び硫化水素中毒にかかるおそれのある場所として厚生労働大臣が定める場所に限る。）における作業	第二種酸素欠乏危険作業主任者技能講習を修了した者	
制限荷重が 1 t 以上の揚貨装置又はつり上げ荷重が 1 t 以上のクレーン、移動式クレーンもしくはデリックの玉掛けの業務	玉掛技能講習を修了した者	
車両系建設機械（整地、掘削等）の運転業務	①小型車両系建設機械（整地、掘削等）機体重量 3 t 未満の運転特別教育修了者 ②3 t 以上は車両系建設機械（整地、掘削等）運転技能講習会修了者	
移動式クレーンの運転業務	①0.5 t 以上 1 t 未満移動式クレーン特別教育修了者 ②1 t 以上 5 t 未満小型移動式クレーン運転技能講習会修了者	

Chapter
6

給水装置工事事務論

給水装置の概要

■ 試験科目の主な内容

●給水管及び給水用具並びに給水装置の工事方法に関する知識を有していること。

例　○給水管、給水用具の種類及び使用目的
　　○給水用具の故障と対策

■ 過去5年の出題傾向と本書掲載問題数

Chapter 7 給水装置の概要	本書掲載問題数	過去5年出題数	2023年 [R5] 問題番号		2022年 [R4] 問題番号		2021年 [R3] 問題番号		2020年 [R2]] 問題番号		2019年 [R1] 問題番号	
7-1 給水装置の概要・定義	1	1									41	
7-2 給水装置工事の概要・定義	0	0										
7-3 給水管の特性	6	9	41　42 43　44		46		41		41　42		42	
7-4 給水用具の特性	16	22	45　47 48　49		41 42 43 44 45 55		44 45 46 47　48		44 45 46 47　51		45　47	
7-5 給水管の接合・継手	2	4			47		43		43		43	
7-6 湯沸器	4	6			52		42　49		48　49		44	
7-7 浄水器	2	2			53		50					
7-8 節水型給水用具	0	0										
7-9 直結加圧形ポンプユニット	4	5	46		54		51		50		46	
7-10 水道メーター	6	10	50　51		48　49		52　53		52　53		48　49	
7-11 給水用具の故障と修理	5	9	52　53		50　51		54　55		54　55		50	
計	46	68										

　　　　　　　　　　　　　　　　　　　　　　　　　　　　　は本書掲載を示す

7-1 給水装置の概要・定義

1 給水装置に関する次の記述の正誤の組み合わせのうち、**適当なものはどれか。**

ア 給水装置は、水道事業者の施設である配水管から分岐して設けられた給水管及びこれに直結する給水用具で構成され、需要者が他の所有者の給水装置から分岐承諾を得て設けた給水管及び給水用具は給水装置にはあたらない。

イ 水道法で定義している「直結する給水用具」とは、配水管に直結して有圧のまま給水できる給水栓等の給水用具をいい、ホース等、容易に取外しの可能な状態で接続される器具は含まれない。

ウ 給水装置工事の費用の負担区分は、水道法に基づき、水道事業者が供給規程に定めることになっており、この供給規程では給水装置工事の費用は、原則として需要者の負担としている。

エ マンションにおいて、給水管を経由して水道水をいったん受水槽に受けて給水する設備でも戸別に水道メーターが設置されている場合は、受水槽以降も給水装置にあたる。

	ア	イ	ウ	エ
(1)	正	誤	誤	正
(2)	正	正	誤	誤
(3)	誤	正	誤	正
(4)	誤	正	正	誤

【R1・問題 41】

1 　正解　(4)

ア　誤　　給水装置は、水道事業者の施設である配水管から分岐して設けられた給水管及びこれに直結する給水用具で構成され、需要者が他の所有者の給水装置から分岐承諾を得て設けた給水管及び給水用具**も給水装置にあたる**。

イ　正

ウ　正

エ　誤　　マンションにおいて、給水管を経由して水道水をいったん受水槽に受けて給水する設備でも戸別に水道メーターが設置されている場合**でも、受水槽以降は給水装置にあたらない**。

7-3　給水管の特性

2　ライニング鋼管に関する次の記述の正誤の組み合わせのうち、適当なものはどれか。

ア　ライニング鋼管は、管の内面、あるいは管の内外面に硬質ポリ塩化ビニルやポリエチレン等のライニングを施し、強度に対してはライニングが、耐食性等については鋼管が分担できるようにしたものである。

イ　硬質塩化ビニルライニング鋼管は、屋内配管には SGP-VA、屋内配管及び屋外露出配管には SGP-VB、地中埋設配管及び屋外露出配管には SGP-VD が使用されることが一般的である。

ウ　管端防食形継手は、硬質塩化ビニルライニング鋼管用、ポリエチレン粉体ライニング鋼管用としてそれぞれ別に規格化されている。

エ　管端防食形継手には、内面を樹脂被覆したものと、内外面とも樹脂被覆したものがある。外面被覆管を地中埋設する場合は、外面被覆等の耐食性を配慮した継手を使用する。

	ア	イ	ウ	エ
(1)	誤	正	正	誤
(2)	正	誤	正	誤
(3)	誤	正	誤	正
(4)	正	誤	誤	正

【R5・問題 41】

2 **正解** (3)

ア　誤　　ライニング鋼管は、管の内面、あるいは管の内外面に硬質ポリ塩化ビニルやポリエチレン等のライニングを施し、強度に対しては**鋼管**が、耐食性等については**各種のライニング**が分担できるようにしたものである。

イ　正

ウ　誤　　管端防食形継手は、硬質塩化ビニルライニング鋼管用、ポリエチレン粉体ライニング鋼管用の**兼用である**。

エ　正

7-3　給水管の特性

3　合成樹脂管に関する次の記述のうち、**不適当なもの**はどれか。

(1)　ポリブテン管は、高温時でも高い強度を持ち、しかも金属管に起こりやすい腐食もないので温水用配管に適している。

(2)　水道用ポリエチレン二層管は、低温での耐衝撃性に優れ、耐寒性があることから寒冷地の配管に多く使われている。

(3)　架橋ポリエチレン管は、耐熱性、耐寒性及び耐食性に優れ、軽量で柔軟性に富んでおり、管内にスケールが付きにくく、流体抵抗が小さい等の特徴を備えている。

(4)　硬質ポリ塩化ビニル管は、耐食性、特に耐電食性に優れるが、他の樹脂管に比べると引張降伏強さが小さい。

【R5・問題42】

3 正解 (4)

(1) ○

(2) ○

(3) ○

(4) × 　硬質ポリ塩化ビニル管は、耐食性、特に耐電食性に優れるが、他の樹脂管に比べると引張降伏強さが<u>大きい</u>。

Important *POINT*

☑**硬質ポリ塩化ビニル管**

　硬質ポリ塩化ビニル管は、耐食性に優れ、特に樹脂管に比べると引張強さが比較的大きい。→設問(4)

　直射日光による劣化や温度の変化による伸縮性があるので、配管において注意を要する。**難燃性であるが、熱及び衝撃には比較的弱く**、寒冷地等では給水管の立上りで地上に露出する部分は、凍結防止のため、管に保温材を巻く必要がある。

7-3　給水管の特性

4   塩化ビニル管に関する次の記述の正誤の組み合わせのうち、**適当なものはどれか。**

ア　硬質ポリ塩化ビニル管用継手は、硬質ポリ塩化ビニル製及びダクタイル鋳鉄製のものがある。また、接合方法は、接着剤によるTS接合とゴム輪によるRR接合がある。

イ　耐衝撃性硬質ポリ塩化ビニル管は、硬質ポリ塩化ビニル管の耐衝撃強度を高めるように改良されたものであり、長期間、直射日光に当たっても耐衝撃強度が低下することはない。

ウ　耐熱性硬質ポリ塩化ビニル管は、金属管と比べ温度による伸縮量が大きいため、配管方法によってその伸縮を吸収する必要がある。

エ　耐熱性硬質ポリ塩化ビニル管は、硬質ポリ塩化ビニル管を耐熱用に改良したものであり、瞬間湯沸器用の配管に適している。

	ア	イ	ウ	エ
(1)	正	誤	誤	正
(2)	正	誤	正	誤
(3)	誤	正	正	誤
(4)	誤	正	誤	正

【R5・問題43】

5   銅管に関する次の記述のうち、**不適当なものはどれか。**

(1)　引張強度に優れ、材質により硬質・軟質の2種類があり、軟質銅管は4〜5回の凍結では破裂しない。

(2)　耐食性に優れるため薄肉化しているので、軽量で取扱いが容易である。

(3)　アルカリに侵されず、スケールの発生も少なく、遊離炭酸が多い水に適している。

(4)　外傷防止と土壌腐食防止を考慮した被膜管があり、配管現場では、管の保管、運搬に際して凹み等をつけないよう注意する必要がある。

【R5・問題44】

4 正解 (2)

ア　正

イ　誤　　耐衝撃性硬質ポリ塩化ビニル管は、硬質ポリ塩化ビニル管の耐衝撃
　　　　強度を高めるように改良されたものであり、長期間、直射日光に当た
　　　　<u>ると</u>耐衝撃強度が低下することが<u>ある</u>。

ウ　正

エ　誤　　耐熱性硬質ポリ塩化ビニル管は、硬質ポリ塩化ビニル管を耐熱用に
　　　　改良したものであり、瞬間湯沸器用の配管に<u>適さない</u>。

Important *POINT*

☑硬質ポリ塩化ビニル管用継手

硬質ポリ塩化ビニル管用継手は、硬質ポリ塩化ビニル製及びダクタイル鋳鉄製のものがある。また、接合方法は、接着剤によるTS接合とゴム輪によるRR接合がある。なお、ダクタイル鋳鉄製のものには、ダクタイル鋳鉄異形管（ドレッサー形ジョイント）がある。→設問ア

☑耐熱性硬質ポリ塩化ビニル管の施工上の留意点

耐熱性硬質ポリ塩化ビニル管は、金属管と比べ温度による伸縮量が大きいため、配管方法によってその伸縮を吸収する必要がある。瞬間湯沸器に異常があった場合、管の使用温度を超えることもあるため使用しない。→設問エ

5 正解 (3)

(1)　○

(2)　○

(3)　×　　アルカリに侵されず、スケールの発生も少なく、遊離炭酸が多い水
　　　　に<u>適さない</u>。

(4)　○

7-3　給水管の特性

6　給水管に関する次の記述のうち、**適当なもの**はどれか。

(1)　銅管は、耐食性に優れるため薄肉化しているので、軽量で取り扱いが容易である。また、アルカリに侵されず、スケールの発生も少ないが、遊離炭酸が多い水には適さない。

(2)　耐熱性硬質塩化ビニルライニング鋼管は、鋼管の内面に耐熱性硬質ポリ塩化ビニルをライニングした管である。この管の用途は、給水・給湯等であり、連続使用許容温度は95℃以下である。

(3)　ステンレス鋼鋼管は、鋼管と比べると特に耐食性に優れている。軽量化しているので取り扱いは容易であるが、薄肉であるため強度的には劣る。

(4)　ダクタイル鋳鉄管は、鋳鉄組織中の黒鉛が球状のため、靱性がなく衝撃に弱い。しかし、引張り強さが大であり、耐久性もある。

【R4・問題46】

7　給水管に関する次の記述のうち、**適当なもの**はどれか。

(1)　ダクタイル鋳鉄管の内面防食は、直管はモルタルライニングとエポキシ樹脂粉体塗装があり、異形管はモルタルライニングである。

(2)　水道用ポリエチレン二層管は、柔軟性があり現場での手曲げ配管が可能であるが、低温での耐衝撃性が劣るため、寒冷地では使用しない。

(3)　ポリブテン管は、高温時では強度が低下するため、温水用配管には適さない。

(4)　銅管は、アルカリに侵されず、スケールの発生も少ないが、遊離炭酸が多い水には適さない。

(5)　硬質塩化ビニルライニング鋼管は、鋼管の内面に硬質塩化ビニルをライニングした管で、外面仕様はすべて亜鉛めっきである。

【R2・問題42】

6 正解 (1)

(1) ○

(2) ×　耐熱性硬質塩化ビニルライニング鋼管は、鋼管の内面に耐熱性硬質ポリ塩化ビニルをライニングした管である。この管の用途は、給水・給湯等であり、連続使用許容温度は **85℃以下**である。

(3) ×　ステンレス鋼鋼管は、鋼管と比べると特に耐食性に優れている。軽量化しているので取り扱いは容易であ**り**、薄肉である**が**、強度的に**も優れている**。

(4) ×　ダクタイル鋳鉄管は、鋳鉄組織中の黒鉛が球状のため、**靱性に富み衝撃に強い。また**、引張り強さが大であり、耐久性もある。

7 正解 (4)

(1) ×　ダクタイル鋳鉄管の内面防食は、直管はモルタルライニングとエポキシ樹脂粉体塗装があり、異形管は**エポキシ樹脂粉体塗装**である。

(2) ×　水道用ポリエチレン二層管は、柔軟性があり現場での手曲げ配管が可能で**あり**、低温での耐衝撃性が**優れ**、寒冷地では**多く使われている**。

(3) ×　ポリブテン管は、高温時では強度が**高く**、温水用配管に**適している**。

(4) ○

(5) ×　硬質塩化ビニルライニング鋼管は、鋼管の内面に硬質塩化ビニルをライニングした管で、外面仕様は**異なるものがある**。

7-4 給水用具の特性

8 給水用具に関する次の記述の正誤の組み合わせのうち、<u>適当なものはどれか</u>。

ア 冷水機（ウォータークーラー）は、冷却タンクで給水管路内の水を任意の一定温度に冷却し、押ボタン式又は足踏み式の開閉弁を操作して、冷水を射出する給水用具である。

イ 瞬間湯沸器は、器内の熱交換器で熱交換を行うもので、水が熱交換器を通過する間にガスバーナ等で加熱する構造である。

ウ 貯湯湯沸器は、給水管に直結し有圧のまま給水管路内に貯えた水を加熱する構造の湯沸器で、湯温に連動して自動的に燃料通路を開閉あるいは電源を入り切り（ON／OFF）する機能を持っている。

エ 自然冷媒ヒートポンプ給湯機は、熱源に太陽光を利用しているため、消費電力が少ない湯沸器である。

	ア	イ	ウ	エ
(1)	正	誤	誤	正
(2)	正	正	誤	誤
(3)	誤	正	誤	正
(4)	誤	正	正	誤

【R5・問題45】

8　**正解**（2）

ア　正

イ　正

ウ　誤　　貯湯湯沸器は、給水管に直結し有圧のまま**貯湯槽内**に貯えた水を加
　　　　　熱する構造の湯沸器で、湯温に連動して自動的に燃料通路を開閉ある
　　　　　いは電源を入り切り（ON／OFF）する機能を持っている。

エ　誤　　自然冷媒ヒートポンプ給湯機は、熱源に**大気熱**を利用しているため、
　　　　　消費電力が少ない湯沸器である。

7-4　給水用具の特性

9　給水用具に関する次の記述の ☐ 内に入る語句の組み合わせのうち、<u>適当なものはどれか</u>。

① 甲形止水栓は、止水部が落しこま構造であり、損失水頭は ア 。

② ボール止水栓は、弁体が球状のため 90° 回転で全開・全閉することのできる構造であり、損失水頭は イ 。

③ 仕切弁は、弁体が鉛直方向に上下し、全開・全閉する構造であり、全開時の損失水頭は ウ 。

④ 玉形弁は、止水部が吊りこま構造であり、弁部の構造から流れが S 字形となるため、損失水頭は エ 。

	ア	イ	ウ	エ
(1)	小さい	大きい	小さい	小さい
(2)	大きい	大きい	小さい	小さい
(3)	小さい	大きい	大きい	大きい
(4)	大きい	小さい	小さい	大きい
(5)	大きい	小さい	大きい	小さい

【R5・問題 47】

9 正解 （4）

　（4）　大きい　　小さい　　小さい　　大きい

① 甲形止水栓は、止水部が落しこま構造であり、損失水頭は**大きい**。
② ボール止水栓は、弁体が球状のため 90°回転で全開・全閉することのできる構造であり、損失水頭は**小さい**。
③ 仕切弁は、弁体が鉛直方向に上下し、全開・全閉する構造であり、全開時の損失水頭は**小さい**。
④ 玉形弁は、止水部が吊りこま構造であり、弁部の構造から流れが S字形となるため、損失水頭は**大きい**。

7-4　給水用具の特性

10 給水用具に関する次の記述の正誤の組み合わせのうち、<u>適当なもの</u>はどれか。

ア　サーモスタット式の混合水栓は、流水抵抗によってこまパッキンが摩耗するので、定期的なこまパッキンの交換が必要である。

イ　シングルレバー式の混合水栓は、シングルカートリッジを内蔵し、吐水・止水、吐水量の調整、吐水温度の調整ができる。

ウ　不凍給水栓は、外とう管が揚水管（立上り管）を兼ね、閉止時に揚水管（立上り管）及び地上配管内の水を排水できる構造を持つ。

エ　不凍水抜栓は、排水口が凍結深度より浅くなるよう埋設深さを考慮する。

```
      ア    イ    ウ    エ
(1)  誤    正    正    誤
(2)  正    誤    誤    正
(3)  正    正    誤    誤
(4)  誤    誤    正    誤
(5)  誤    正    誤    正
```

【R5・問題48】

10   正解 （1）

ア　誤　　**2ハンドル式**の混合水栓は、流水抵抗によってこまパッキンが摩耗
　　　　するので、定期的なこまパッキンの交換が必要である。

イ　正

ウ　正

エ　誤　　不凍水抜栓は、排水口が凍結深度より**深く**なるよう埋設深さを考慮
　　　　する。

 Important **POINT**

☑ **サーモスタット式の混合水栓**

　サーモスタット式の混合水栓は、温度調整ハンドルの目盛を合わせること
で安定した吐水温度を得ることができる。吐水・止水、吐水量の調整は別途
止水部で行う。また、シングルレバー式に比べ、設定温度に対し安定させる
ことが簡単にできる。→設問ア

Chapter
7

給水装置の概要

7・4　給水用具の特性

7-4　給水用具の特性

11　給水用具に関する次の記述のうち、**不適当なもの**はどれか。

(1)　逆止弁は、逆圧による水の逆流を防止する給水用具であり、ばね式、リフト式等がある。

(2)　定流量弁は、オリフィス式、ニードル式、ばね式等による流量調整機構によって、一次側の圧力に関わらず流量が一定になるよう調整する給水用具である。

(3)　減圧弁は、設置した給水管や貯湯湯沸器等の水圧が設定圧力よりも上昇すると、給水管路及び給水用具を保護するために弁体が自動的に開いて過剰圧力を逃し、圧力が所定の値に降下すると閉じる機能を持っている。

(4)　吸排気弁は、給水立て管頂部に設置され、管内に負圧が生じた場合に自動的に多量の空気を吸気して給水管内の負圧を解消する機能を持った給水用具である。

【R5・問題 49】

11　正解　(3)

(1)　○

(2)　○

(3)　×　**安全弁**は、設置した給水管や貯湯湯沸器等の水圧が設定圧力よりも上昇すると、給水管路及び給水用具を保護するために弁体が自動的に開いて過剰圧力を逃し、圧力が所定の値に降下すると閉じる機能を持っている。

(4)　○

Important *POINT*

☑減圧弁

　減圧弁は、通過する流体のエネルギーにより弁体の開度を変化させ、高い一次側圧力から、所定の低い二次側圧力に減圧する圧力調整弁である。

→設問(3)

☑吸排気弁

　吸排気弁は、給水立て管頂部に設置され、管内に負圧が生じた場合に自動的に多量の空気を吸収して給水管内の負圧を解消する機能を持った給水用具である。なお、管内に停滞した空気を自動的に排出する機能を合わせ持っている。

→設問(4)

7-4　給水用具の特性

12　給水用具に関する次の記述の正誤の組み合わせのうち、<u>適当なものはどれか</u>。

ア　単水栓は、給水の開始、中止及び給水装置の修理その他の目的で給水を制限又は停水するために使用する給水用具である。

イ　甲形止水栓は、流水抵抗によって、こまパッキンが摩耗して止水できなくなるおそれがある。

ウ　ボールタップは、浮玉の上下によって自動的に弁を開閉する構造になっており、水洗便器のロータンクや受水槽の水を一定量貯める給水用具である。

エ　ダイヤフラム式ボールタップは、圧力室内部の圧力変化を利用しダイヤフラムを動かすことにより吐水、止水を行うもので、給水圧力による止水位の変動が大きい。

	ア	イ	ウ	エ
(1)	誤	正	正	誤
(2)	正	誤	誤	正
(3)	正	誤	正	誤
(4)	誤	誤	正	正
(5)	誤	正	誤	正

【R4・問題41】

13　給水用具に関する次の記述のうち、<u>不適当なものはどれか</u>。

⑴　各種分水栓は、分岐可能な配水管や給水管から不断水で給水管を取り出すための給水用具で、分水栓の他、サドル付分水栓、割T字管がある。

⑵　仕切弁は、弁体が鉛直方向に上下し、全開・全閉する構造であり、全開時の損失水頭は小さい。

⑶　玉形弁は、止水部が吊りこま構造であり、弁部の構造から流れがS字形となるため損失水頭が小さい。

⑷　給水栓は、給水装置において給水管の末端に取り付けられ、弁の開閉により流量又は湯水の温度の調整等を行う給水用具である。

【R4・問題42】

12　**正解**（1）

ア　誤　　**止水栓**は、給水の開始、中止及び給水装置の修理その他の目的で給水を制限又は停水するために使用する給水用具である。

イ　正

ウ　正

エ　誤　　ダイヤフラム式ボールタップは、圧力室内部の圧力変化を利用しダイヤフラムを動かすことにより吐水、止水を行うもので、給水圧力による止水位の変動が**小さい**。

Important *POINT*

☑**単水栓**

　単水栓とは、弁の開閉により、水又は温水のみを一つの水栓から吐水する水栓である。横水栓、立水栓、自在水栓等がある。→設問ア

13　**正解**（3）

（1）　○

（2）　○

（3）　×　　玉形弁は、止水部が吊りこま構造であり、弁部の構造から流れがS字形となるため損失水頭が**大きい**。

（4）　○

7-4　給水用具の特性

14　給水用具に関する次の記述の □ 内に入る語句の組み合わせのうち、**適当なものはどれか。**

① ┌ ア ┐ は、個々に独立して作動する第1逆止弁と第2逆止弁が組み込まれている。各逆止弁はテストコックによって、個々に性能チェックを行うことができる。

② ┌ イ ┐ は、一次側の流水圧で逆止弁体を押し上げて通水し、停水又は逆圧時は逆止弁体が自重と逆圧で弁座を閉じる構造の逆止弁である。

③ ┌ ウ ┐ は、独立して作動する第1逆止弁と第2逆止弁との間に一次側との差圧で作動する逃し弁を備えた中間室からなり、逆止弁が正常に作動しない場合、逃し弁が開いて排水し、空気層を形成することによって逆流を防止する構造の逆流防止器である。

④ ┌ エ ┐ は、弁体がヒンジピンを支点として自重で弁座面に圧着し、通水時に弁体が押し開かれ、逆圧によって自動的に閉止する構造の逆止弁である。

	ア	イ	ウ	エ
(1)	複式逆止弁	リフト式逆止弁	中間室大気開放型逆流防止器	スイング式逆止弁
(2)	二重式逆流防止器	自重式逆止弁	減圧式逆流防止器	スイング式逆止弁
(3)	複式逆止弁	自重式逆止弁	減圧式逆流防止器	単式逆止弁
(4)	二重式逆流防止器	リフト式逆止弁	中間室大気開放型逆流防止器	単式逆止弁
(5)	二重式逆流防止器	自重式逆止弁	中間室大気開放型逆流防止器	単式逆止弁

【R4・問題44】

14 正解 （2）

ア　二重式逆流防止器
イ　自重式逆止弁
ウ　減圧式逆流防止器
エ　スイング式逆止弁

①　**二重式逆流防止器**は、個々に独立して作動する第1逆止弁と第2逆止弁が組み込まれている。各逆止弁はテストコックによって、個々に性能チェックを行うことができる。

②　**自重式逆止弁**は、一次側の流水圧で逆止弁体を押し上げて通水し、停水又は逆圧時は逆止弁体が自重と逆圧で弁座を閉じる構造の逆止弁である。

③　**減圧式逆流防止器**は、独立して作動する第1逆止弁と第2逆止弁との間に一次側との差圧で作動する逃し弁を備えた中間室からなり、逆止弁が正常に作動しない場合、逃し弁が開いて排水し、空気層を形成することによって逆流を防止する構造の逆流防止器である。

④　**スイング式逆止弁**は、弁体がヒンジピンを支点として自重で弁座面に圧着し、通水時に弁体が押し開かれ、逆圧によって自動的に閉止する構造の逆止弁である。

7-4　給水用具の特性

15　給水用具に関する次の記述のうち、**不適当なもの**はどれか。

(1)　逆止弁付メーターパッキンは、配管接合部をシールするメーター用パッキンにスプリング式の逆流防止弁を兼ね備えた構造である。逆流防止機能が必要な既設配管の内部に新たに設置することができる。

(2)　小便器洗浄弁は、センサーで感知し自動的に水を吐出させる自動式とボタン等を操作し水を吐出させる手動式の２種類あり、手動式にはニードル式、ダイヤフラム式の２つのタイプの弁構造がある。

(3)　湯水混合水栓は、湯水を混合して１つの水栓から吐水する水栓である。ハンドルやレバー等の操作により吐水、止水、吐水流量及び吐水温度が調整できる。

(4)　水道用コンセントは、洗濯機、食器洗い機との組合せに最適な水栓で、通常の水栓のように壁から出っ張らないので邪魔にならず、使用するときだけホースをつなげばよいので空間を有効に利用することができる。

【R4・問題45】

16　給水用具に関する次の記述のうち、**不適当なもの**はどれか。

(1)　自動販売機は、水道水を内部タンクで受けたあと、目的に応じてポンプにより加工機構へ供給し、コーヒー等を販売する器具である。

(2)　Y型ストレーナは、流体中の異物などをろ過するスクリーンを内蔵し、ストレーナ本体が配管に接続されたままの状態でも清掃できる。

(3)　水撃防止器は、封入空気等をゴム等により圧縮し、水撃を緩衝するもので、ベローズ形、エアバッグ形、ダイヤフラム式等がある。

(4)　温水洗浄装置付便座は、その製品の性能等の規格をJISに定めており、温水発生装置で得られた温水をノズルから射出する装置を有した便座である。

(5)　サーモスタット式の混合水栓は、湯側・水側の２つのハンドルを操作し、吐水・止水、吐水量の調整、吐水温度の調整ができる。

【R4・問題55】

15 正解 (2)

(1) ○

(2) ×　　　小便器洗浄弁は、センサーで感知し自動的に水を吐出させる自動式とボタン等を操作し水を吐出させる手動式の2種類あり、手動式には**ピストン式**、ダイヤフラム式の2つのタイプの弁構造がある。

(3) ○

(4) ○

16 正解 (5)

(1) ○

(2) ○

(3) ○

(4) ○

(5) ×　　　**2ハンドル式**の混合水栓は、湯側・水側の2つのハンドルを操作し、吐水・止水、吐水量の調整、吐水温度の調整ができる。

7-4　給水用具の特性

17　給水用具に関する次の記述の　　　内に入る語句の組み合わせのうち、**適当なものはどれか。**

① 甲形止水栓は、止水部が落しこま構造であり、損失水頭は極めて　ア　。

② 　イ　は、弁体が弁箱又は蓋に設けられたガイドによって弁座に対し垂直に作動し、弁体の自重で閉止の位置に戻る構造の逆止弁である。

③ 　ウ　は、給水管内に負圧が生じたとき、逆止弁により逆流を防止するとともに逆止弁より二次側（流出側）の負圧部分へ自動的に空気を取り入れ、負圧を破壊する機能を持つ給水用具である。

④ 　エ　は管頂部に設置し、管内に停滞した空気を自動的に排出する機能を持つ給水用具である。

	ア	イ	ウ	エ
(1)	大きい	スイング式逆止弁	吸気弁	空気弁
(2)	小さい	スイング式逆止弁	バキュームブレーカ	玉形弁
(3)	大きい	リフト式逆止弁	バキュームブレーカ	空気弁
(4)	小さい	リフト式逆止弁	吸気弁	玉形弁
(5)	大きい	スイング式逆止弁	バキュームブレーカ	空気弁

【R3・問題44】

17 正解 （3）

ア　大きい

イ　リフト式逆止弁

ウ　バキュームブレーカ

エ　空気弁

①甲形止水栓は、止水部が落しこま構造であり、損失水頭は極めて**大きい**。

②**リフト式逆止弁**は、弁体が弁箱又は蓋に設けられたガイドによって弁座に対し垂直に作動し、弁体の自重で閉止の位置に戻る構造の逆止弁である。

③**バキュームブレーカ**は、給水管内に負圧が生じたとき、逆止弁により逆流を防止するとともに逆止弁より二次側（流出側）の負圧部分へ自動的に空気を取り入れ、負圧を破壊する機能を持つ給水用具である。

④**空気弁**は管頂部に設置し、管内に停滞した空気を自動的に排出する機能を持つ給水用具である。

7-4 給水用具の特性

18 給水用具に関する次の記述の正誤の組み合わせのうち、<u>適当なもの</u>はどれか。

ア 定水位弁は、主弁に使用し、小口径ボールタップを副弁として組み合わせ
て使用するもので、副弁の開閉により主弁内に生じる圧力差によって開閉が
円滑に行えるものである。

イ 仕切弁は、弁体が鉛直方向に上下し、全開、全閉する構造であり、全開時
の損失水頭は極めて小さい。

ウ 減圧弁は、設置した給水管路や貯湯湯沸器等の水圧が設定圧力よりも上昇
すると、給水管路等の給水用具を保護するために弁体が自動的に開いて過剰
圧力を逃し、圧力が所定の値に降下すると閉じる機能を持っている。

エ ボール止水栓は、弁体が球状のため 90°回転で全開、全閉することのでき
る構造であり、全開時の損失水頭は極めて大きい。

	ア	イ	ウ	エ
(1)	誤	正	正	正
(2)	正	正	誤	誤
(3)	誤	誤	正	正
(4)	正	正	誤	正
(5)	誤	誤	誤	正

【R3・問題 45】

18 **正解** (2)

ア　正

イ　正

ウ　誤　　**安全弁**は、設置した給水管路や貯湯湯沸器等の水圧が設定圧力より
も上昇すると、給水管路等の給水用具を保護するために弁体が自動的
に開いて過剰圧力を逃し、圧力が所定の値に降下すると閉じる機能を
持っている。

エ　誤　　ボール止水栓は、弁体が球状のため 90°回転で全開、全閉すること
のできる構造であり、全開時の損失水頭は極めて**小さい**。

7-4　給水用具の特性

19　給水用具に関する次の記述の正誤の組み合わせのうち、**適当なものはどれか**。

ア　二重式逆流防止器は、個々に独立して作動する第1逆止弁と第2逆止弁が組み込まれている。各逆止弁はテストコックによって、個々に性能チェックを行うことができる。

イ　複式逆止弁は、個々に独立して作動する二つの逆止弁が直列に組み込まれている構造の逆止弁である。弁体は、それぞればねによって弁座に押しつけられているので、二重の安全構造となっている。

ウ　吸排気弁は、給水立て管頂部に設置され、管内に負圧が生じた場合に自動的に多量の空気を吸気して給水管内の負圧を解消する機能を持った給水用具である。なお、管内に停滞した空気を自動的に排出する機能を併せ持っている。

エ　大便器洗浄弁は、大便器の洗浄に用いる給水用具であり、また、洗浄管を介して大便器に直結されるため、瞬間的に多量の水を必要とするので配管は口径20 mm以上としなければならない。

	ア	イ	ウ	エ
(1)	正	正	正	正
(2)	誤	正	誤	正
(3)	正	誤	正	誤
(4)	正	正	正	誤
(5)	正	誤	正	正

【R3・問題47】

19   正解 (4)

ア　正
イ　正
ウ　正
エ　誤　　大便器洗浄弁は、大便器の洗浄に用いる給水用具であり、また、洗浄管を介して大便器に直結されるため、瞬間的に多量の水を必要とするので配管は口径 **25 ㎜**以上としなければならない。

7-4　給水用具の特性

20 給水用具に関する次の記述のうち、<u>不適当なもの</u>はどれか。

(1)　ダイヤフラム式ボールタップの機構は、圧力室内部の圧力変化を利用しダイヤフラムを動かすことにより吐水、止水を行うものであり、止水間際にチョロチョロ水が流れたり絞り音が生じることがある。

(2)　単式逆止弁は、1個の弁体をばねによって弁座に押しつける構造のものでⅠ形とⅡ形がある。Ⅰ形は逆流防止性能の維持状態を確認できる点検孔を備え、Ⅱ形は点検孔のないものである。

(3)　給水栓は、給水装置において給水管の末端に取り付けられ、弁の開閉により流量又は湯水の温度調整等を行う給水用具である。

(4)　ばね式逆止弁内蔵ボール止水栓は、弁体をばねによって押しつける逆止弁を内蔵したボール止水栓であり、全開時の損失水頭は極めて小さい。

【R3・問題48】

20　　正解　(1)

(1)　×　　ダイヤフラム式ボールタップの機構は、圧力室内部の圧力変化を利用しダイヤフラムを動かすことにより吐水、止水を行うものであり、止水間際にチョロチョロ水が流れたり絞り音が生じることが**ない**。

(2)　○

(3)　○

(4)　○

7-4　給水用具の特性

21　給水用具に関する次の記述の　　　内に入る語句の組み合わせのうち、**適当なものはどれか。**

① 　ア　 は、個々に独立して作動する第1逆止弁と第2逆止弁が組み込まれている。各逆止弁はテストコックによって、個々に性能チェックを行うことができる。

② 　イ　 は、弁体が弁箱又は蓋に設けられたガイドによって弁座に対し垂直に作動し、弁体の自重で閉止の位置に戻る構造の逆止弁である。

③ 　ウ　 は、独立して作動する第1逆止弁と第2逆止弁との間に一次側との差圧で作動する逃し弁を備えた中間室からなり、逆止弁が正常に作動しない場合、逃し弁が開いて排水し、空気層を形成することによって逆流を防止する構造の逆流防止器である。

④ 　エ　 は、弁体がヒンジピンを支点として自重で弁座面に圧着し、通水時に弁体が押し開かれ、逆圧によって自動的に閉止する構造の逆止弁である。

	ア	イ	ウ	エ
(1)	複式逆止弁	リフト式逆止弁	中間室大気開放型逆流防止器	スイング式逆止弁
(2)	二重式逆流防止器	リフト式逆止弁	減圧式逆流防止器	スイング式逆止弁
(3)	複式逆止弁	自重式逆止弁	減圧式逆流防止器	単式逆止弁
(4)	二重式逆流防止器	リフト式逆止弁	中間室大気開放型逆流防止器	単式逆止弁
(5)	二重式逆流防止器	自重式逆止弁	中間室大気開放型逆流防止器	単式逆止弁

【R2・問題44】

21 正解 （2）

ア 二重式逆流防止器
イ リフト式逆止弁
ウ 減圧式逆流防止器
エ スイング式逆止弁

①<u>二重式逆流防止器</u>は、個々に独立して作動する第 1 逆止弁と第 2 逆止弁が組み込まれている。各逆止弁はテストコックによって、個々に性能チェックを行うことができる。

②<u>リフト式逆止弁</u>は、弁体が弁箱又は蓋に設けられたガイドによって弁座に対し垂直に作動し、弁体の自重で閉止の位置に戻る構造の逆止弁である。

③<u>減圧式逆流防止器</u>は、独立して作動する第 1 逆止弁と第 2 逆止弁との間に一次側との差圧で作動する逃し弁を備えた中間室からなり、逆止弁が正常に作動しない場合、逃し弁が開いて排水し、空気層を形成することによって逆流を防止する構造の逆流防止器である。

④<u>スイング式逆止弁</u>は、弁体がヒンジピンを支点として自重で弁座面に圧着し、通水時に弁体が押し開かれ、逆圧によって自動的に閉止する構造の逆止弁である。

Important *POINT*

以下、目を通しておきましょう！！

☑**単式逆流防止弁（単式逆止弁）**

　単式逆流防止弁は、1 個の弁体をばねによって弁座に押しつける構造のもので、I 型とII型がある。

☑**複式逆流防止弁（複式逆止弁）**

　複式逆流防止弁は、個々に独立して作動する二つの逆流防止弁が組込まれ、その弁体は、それぞればねによって弁座に押しつけられているので、二重の安全構造となっている。形式はI型のみである。

☑**自重式逆流防止弁（自重式逆止弁）**

　自重式逆流防止弁は、一次側の流水圧で逆止弁体を押し上げて通水し、停水又は逆圧時は、逆止弁体が自重と逆圧で弁座を閉じる構造である。

7-4　給水用具の特性

22　給水用具に関する次の記述のうち、<u>不適当なもの</u>はどれか。

(1)　ホース接続型水栓は、ホース接続した場合に吐水口空間が確保されない可能性があるため、水栓本体内にばね等の有効な逆流防止機能を持つ逆止弁を内蔵したものになっている。

(2)　大便器洗浄弁は、大便器の洗浄に用いる給水用具であり、また、洗浄管を介して大便器に直結されるため、瞬間的に多量の水を必要とするので配管は口径 25 mm 以上としなければならない。

(3)　不凍栓類は、配管の途中に設置し、流入側配管の水を地中に排出して凍結を防止する給水用具であり、不凍給水栓、不凍水抜栓、不凍水栓柱、不凍バルブ等がある。

(4)　水道用コンセントは、洗濯機、自動食器洗い機等との接続に用いる水栓で、通常の水栓のように壁から出っ張らないので邪魔にならず、使用するときだけホースをつなげればよいので空間を有効に利用することができる。

【R2・問題 45】

22　　正解　(3)

(1)　○

(2)　○

(3)　×　　不凍栓類は、配管の途中に設置し、**流出側配管**の水を地中に排出して凍結を防止する給水用具であり、不凍給水栓、不凍水抜栓、不凍水栓柱、不凍バルブ等がある。

(4)　○

7-4　給水用具の特性

23　給水用具に関する次の記述の正誤の組み合わせのうち、<u>適当なものはどれか</u>。

ア　自動販売機は、水道水を冷却又は加熱し、清涼飲料水、茶、コーヒー等を販売する器具である。水道水は、器具内給水配管、電磁弁を通して、水受けセンサーにより自動的に供給される。タンク内の水は、目的に応じてポンプにより加工機構へ供給される。

イ　ディスポーザ用給水装置は、台所の排水口部に取り付けて生ごみを粉砕するディスポーザとセットして使用する器具である。排水口部で粉砕された生ごみを水で排出するために使用する。

ウ　水撃防止器は、給水装置の管路途中又は末端の器具等から発生する水撃作用を軽減又は緩和するため、封入空気等をゴム等により自動的に排出し、水撃を緩衝する給水器具である。ベローズ形、エアバック形、ダイヤフラム式、ピストン式等がある。

エ　非常時用貯水槽は、非常時に備えて、天井部・床下部に給水管路に直結した貯水槽を設ける給水用具である。天井設置用は、重力を利用して簡単に水を取り出すことができ、床下設置用は、加圧用コンセントにフットポンプ及びホースを接続・加圧し、水を取り出すことができる。

	ア	イ	ウ	エ
(1)	正	正	誤	正
(2)	正	誤	正	誤
(3)	誤	誤	正	正
(4)	誤	正	正	誤
(5)	正	誤	誤	正

【R2・問題51】

23 **正解** (1)

ア　正

イ　正

ウ　誤　　水撃防止器は、給水装置の管路途中又は末端の器具等から発生する
水撃作用を軽減又は緩和するため、封入空気等をゴム等により**圧縮**
し、水撃を緩衝する給水器具である。ベローズ形、エアバック形、ダ
イヤフラム式、ピストン式等がある。

エ　正

7-5 給水管の接合・継手

24 給水管の継手に関する次の記述の □ 内に入る語句の組み合わせのうち、適当なものはどれか。

① 架橋ポリエチレン管の継手の種類としては、メカニカル式継手と ア 継手がある。

② ダクタイル鋳鉄管の接合形式は多種類あるが、一般に給水装置では、メカニカル継手、 イ 継手及びフランジ継手の3種類がある。

③ 水道用ポリエチレン二層管の継手は、一般的に ウ 継手が用いられる。

④ ステンレス鋼鋼管の継手の種類としては、 エ 継手とプレス式継手がある。

	ア	イ	ウ	エ
(1)	EF	RR	金属	スライド式
(2)	熱融着	プッシュオン	TS	スライド式
(3)	EF	プッシュオン	金属	伸縮可とう式
(4)	熱融着	RR	TS	伸縮可とう式
(5)	EF	RR	金属	伸縮可とう式

【R4・問題47】

24 正解 （3）

ア　EF

イ　プッシュオン

ウ　金属

エ　伸縮可とう式

① 架橋ポリエチレン管の継手の種類としては、メカニカル式継手と<u>EF</u>継手がある。

② ダクタイル鋳鉄管の接合形式は多種類あるが、一般に給水装置では、メカニカル継手、<u>**プッシュオン**</u>継手及びフランジ継手の3種類がある。

③ 水道用ポリエチレン二層管の継手は、一般的に<u>**金属**</u>継手が用いられる。

④ ステンレス鋼鋼管の継手の種類としては、<u>**伸縮可とう式**</u>継手とプレス式継手がある。

 Important **POINT**

☑**水道用ポリエチレン二層管**

　水道用ポリエチレン二層管は、柔軟性があるため、現場での生曲げは配管が可能であり、また長尺物のため、少ない継手で施工できる。しかし、他の管種に比べて柔らかく、傷が付きやすいため、管の保管や加工に際しては取り扱いに注意が必要である。

　なお、有機溶剤、ガソリン等に触れるおそれのある箇所での使用は、避けなければならない。管の種類には二層管の1種、2種がある。**水道用ポリエチレン二層管の継手は一般的に金属継手である。**→設問③

Chapter 7

給水装置の概要

7-5　給水管の接合・継手

7-5　給水管の接合・継手

25　硬質ポリ塩化ビニル管の施工上の注意点に関する次の記述のうち、**不適当な**ものはどれか。

(1)　直射日光による劣化や温度の変化による伸縮性があるので、配管施工等において注意を要する。

(2)　接合時にはパイプ端面をしっかりと面取りし、継手だけでなくパイプ表面にも適量の接着剤を塗布し、接合後は一定時間、接合部の抜出しが発生しないよう保持する。

(3)　有機溶剤、ガソリン、灯油、油性塗料、クレオソート（木材用防腐剤）、シロアリ駆除剤等に、管や継手部のゴム輪が長期接すると、管・ゴム輪は侵されて、亀裂や膨潤軟化により漏水事故や水質事故を起こすことがあるので、これらの物質と接触させない。

(4)　接着接合後、通水又は水圧試験を実施する場合、使用する接着剤の施工要領を厳守して、接着後12時間以上経過してから実施する。

【R3・問題43】

25 　正解　(4)

(1)　○

(2)　○

(3)　○

(4)　×　　接着接合後、通水又は水圧試験を実施する場合、使用する接着剤の施工要領を厳守して、接着後 <u>24</u> 時間以上経過してから実施する。

7-6 湯沸器

26 湯沸器に関する次の記述の正誤の組み合わせのうち、**適当なものはどれか**。

ア 地中熱利用ヒートポンプ給湯機は、年間を通して一定である地表面から約10 m 以深の安定した温度の熱を利用する。地中熱は日本中どこでも利用でき、しかも天候に左右されない再生可能エネルギーである。

イ 潜熱回収型給湯器は、今まで利用せずに排気していた高温（200 ℃）の燃焼ガスを再利用し、水を潜熱で温めた後に従来の一次熱交換器で加温して温水を作り出す。

ウ 元止め式瞬間湯沸器は、給湯配管を通して湯沸器から離れた場所で使用できるもので、2 カ所以上に給湯する場合に広く利用される。

エ 太陽熱利用貯湯湯沸器の二回路型は、給水管に直結した貯湯タンク内で太陽集熱器から送られる熱源を利用し、水を加熱する。

	ア	イ	ウ	エ
(1)	正	正	誤	正
(2)	正	誤	正	誤
(3)	正	誤	誤	正
(4)	誤	正	正	誤
(5)	誤	正	誤	正

【R4・問題 52】

26 正解 （1）

ア　正

イ　正

ウ　誤　　**先止め**式瞬間湯沸器は、給湯配管を通して湯沸器から離れた場所で
　　　　　使用できるもので、2カ所以上に給湯する場合に広く利用される。

エ　正

Important *POINT*

☑元止め式瞬間湯沸器

　元止め式瞬間湯沸器は、湯沸器から直接使用するもので、湯沸器に設置されている止水栓の開閉により、メインバーナーで点火・消火する構造になっている。出湯能力は5号以下と小さい。→設問ウ

7-6 湯沸器

27 給水装置に関する次の記述のうち、**不適当なもの**はどれか。

(1) 給水装置として取り扱われる貯湯湯沸器は、そのほとんどが貯湯部にかかる圧力が100キロパスカル以下で、かつ伝熱面積が4 ㎡以下の構造のものである。

(2) 給湯用加圧装置は、貯湯湯沸器の一次側に設置し、湯圧が不足して給湯設備が満足に使用できない場合に加圧する給水用具である。

(3) 潜熱回収型給湯器は、今まで捨てられていた高温（約200 ℃）の燃焼ガスを再利用し、水を潜熱で温めた後に従来の一次熱交換器で加温して温水を作り出す、従来の非潜熱回収型給湯器より高い熱効率を実現した給湯器である。

(4) 瞬間湯沸器は、給湯に連動してガス通路を開閉する機構を備え、最高85 ℃程度まで温度を上げることができるが、通常は40 ℃前後で使用される。

(5) 瞬間湯沸器の号数とは、水温を25 ℃上昇させたとき1分間に出るお湯の量（L）の数字であり、水道水を25 ℃上昇させ出湯したとき1分間に20 L給湯できる能力の湯沸器が20号である。

【R3・問題 42】

27 正解 (2)

(1) ○

(2) × 　　給湯用加圧装置は、貯湯湯沸器の**二次側**に設置し、湯圧が不足して
給湯設備が満足に使用できない場合に加圧する給水用具である。

(3) ○

(4) ○

(5) ○

 Important **POINT**

☑**貯湯湯沸器**

　貯湯湯沸器は、給水管に直結し有圧のまま貯湯槽内に貯えた水を直接加熱
する構造の湯沸器で、湯温に連動して自動的に燃料通路を開閉あるいは電源
を入り切りする機能をもっている。給水装置として取扱われる貯湯湯沸器は、
そのほとんどが貯湯部にかかる圧力が 100kPa 以下で、かつ伝熱面積 4㎡以
下の構造のものである。労働安全衛生法に規定するボイラー及び小型ボイラー
に該当しない。減圧弁及び安全弁（逃し弁）の設置が必須である。→設問(1)

Chapter
7

給水装置の概要

7 - 6 　湯沸器

7-6 湯沸器

28 自然冷媒ヒートポンプ給湯機に関する次の記述のうち、<u>不適当なものはどれか</u>。

(1) 送風機で取り込んだ空気の熱を冷媒（二酸化炭素）が吸収する。

(2) 熱を吸収した冷媒が、コンプレッサで圧縮されることにより高温・高圧となる。

(3) 高温となった冷媒の熱を、熱交換器内に引き込んだ水に伝えてお湯を沸かす。

(4) お湯を沸かした後、冷媒は膨張弁で低温・低圧に戻され、再び熱を吸収しやすい状態になる。

(5) 基本的な機能・構造は貯湯湯沸器と同じであるため、労働安全衛生法施行令に定めるボイラーである。

【R2・問題49】

29 湯沸器に関する次の記述の正誤の組み合わせのうち、<u>適当なものはどれか</u>。

ア 給水装置として取扱われる貯湯湯沸器は、労働安全衛生法令に規定するボイラー及び小型ボイラーに該当する。

イ 瞬間湯沸器は、給湯に連動してガス通路を開閉する機構を備え、最高85℃程度まで温度を上げることができるが、通常は40℃前後で使用される。

ウ 太陽熱利用貯湯湯沸器では、太陽集熱装置系内に水道水が循環する水道直結型としてはならない。

エ 貯蔵湯沸器は、ボールタップを備えた器内の容器に貯水した水を、一定温度に加熱して給湯する給水用具であり、水圧がかからないため湯沸器設置場所でしか湯を使うことができない。

	ア	イ	ウ	エ
(1)	誤	正	誤	正
(2)	誤	誤	正	正
(3)	正	正	誤	誤
(4)	正	誤	誤	正

【R1・問題44】

28 　正解　(5)

(1)　○

(2)　○

(3)　○

(4)　○

(5)　×　　基本的な機能・構造は貯湯湯沸器と同じであるため、労働安全衛生法施行令の**適用を受けない**ボイラーである。

29 　正解　(1)

ア　誤　　給水装置として取扱われる貯湯湯沸器は、労働安全衛生法令に規定するボイラー及び小型ボイラーに該当**しない**。

イ　正

ウ　誤　　太陽熱利用貯湯湯沸器では、太陽集熱装置系内に水道水が循環する水道直結型として**よい**。

エ　正

 Important **POINT**

☑**貯湯湯沸器の種類**

　貯湯湯沸器には、太陽熱装置系と上水道が蓄熱槽内で別系統になっている二回路型や太陽集熱装置系内に上水道が循環する水道直結型、シスターン型等がある。→設問ウ

7-7　浄水器

30　浄水器に関する次の記述のうち、**不適当なもの**はどれか。

(1)　浄水器は、水道水中の残留塩素等の溶存物質、濁度等の減少を主目的としたものである。

(2)　浄水器のろ過材には、活性炭、ろ過膜、イオン交換樹脂等が使用される。

(3)　水栓一体形浄水器のうち、スパウト内部に浄水カートリッジがあるものは、常時水圧が加わらないので、給水用具に該当しない。

(4)　アンダーシンク形浄水器は、水栓の流入側に取り付けられる方式と流出側に取り付けられる方式があるが、どちらも給水用具として分類される。

【R4・問題53】

31　浄水器に関する次の記述の　　　　内に入る語句の組み合わせのうち、**適当なもの**はどれか。

　　浄水器は、水栓の流入側に取り付けられ常時水圧が加わる　ア　式と、水栓の流出側に取り付けられ常時水圧が加わらない　イ　式がある。

　　イ　式については、浄水器と水栓が一体として製造・販売されているもの（ビルトイン型又はアンダーシンク型）は給水用具に該当　ウ　。浄水器単独で製造・販売され、消費者が取付けを行うもの（給水栓直結型及び据え置き型）は給水用具に該当　エ　。

	ア	イ	ウ	エ
(1)	先止め	元止め	する	しない
(2)	先止め	元止め	しない	する
(3)	元止め	先止め	する	しない
(4)	元止め	先止め	しない	する

【R3・問題50】

30 正解 (3)

(1) ○

(2) ○

(3) ×　　水栓一体形浄水器のうち、スパウト内部に浄水カートリッジがある
ものは、常時水圧が加わらない**が**、給水用具に**該当する**。

(4) ○

31 正解 (1)

ア　先止め

イ　元止め

ウ　する

エ　しない

　浄水器は、水栓の流入側に取り付けられ常時水圧が加わる**先止め**式と、水栓
の流出側に取り付けられ常時水圧が加わらない**元止め**式がある。**元止め**式につ
いては、浄水器と水栓が一体として製造・販売されているもの（ビルトイン型
又はアンダーシンク型）は給水用具に該当**する**。浄水器単独で製造・販売され、
消費者が取付けを行うもの（給水栓直結型及び据え置き型）は給水用具に該当
しない。

 Important **POINT**

☑**浄水器**

・浄水器には、①水栓の流入側に取付けられ、常時水圧が加わるもの（先止
め式）、②水栓の流出側に取付けられ、常時水圧が加わらないもの（元止め式）
がある。

・浄水器の濾過材には、①活性炭、②ポリエチレン、ポリスルホン、ポリプ
ロピレン等からできた中空糸膜を中心とした濾過膜、③その他（セラミッ
クス、ゼオライト、不織布、天然サンゴ、イオン交換樹脂等）がある。

7-9 直結加圧形ポンプユニット

32 直結加圧形ポンプユニットに求められる性能に関する次の記述のうち、**不適当なものはどれか。**

(1) 始動・停止による配水管の圧力変動が極小であり、ポンプ運転による配水管の圧力に脈動がないこと。

(2) 吸込側の水圧が異常低下した場合には自動停止し、水圧が復帰した場合には自動復帰すること。

(3) 使用水量が多い場合に自動停止すること。

(4) 圧力タンクは、ポンプが停止した後も、吐出圧力、吸込圧力及び自動停止の性能を満足し、吐出圧力が保持できる場合は設置しなくてもよい。

【R5・問題46】

33 直結加圧形ポンプユニットに関する次の記述のうち、**不適当なものはどれか。**

(1) 製品規格としては、JWWA B 130：2005（水道用直結加圧形ポンプユニット）があり、対象口径は 20 mm ～ 75 mmである。

(2) 逆流防止装置は、ユニットの構成外機器であり、通常、ユニットの吸込側に設置するが、吸込圧力を十分確保できない場合は、ユニットの吐出側に設置してもよい。

(3) ポンプを複数台設置し、1台が故障しても自動切替えにより給水する機能や運転の偏りがないように自動的に交互運転する機能等を有していることを求めている。

(4) 直結加圧形ポンプユニットの圧力タンクは、停電によりポンプが停止したときに水を供給するためのものである。

(5) 直結加圧形ポンプユニットは、メンテナンスが必要な機器であるので、その設置位置は、保守点検及び修理を容易に行うことができる場所とし、これに要するスペースを確保する必要がある。

【R3・問題51】

32 　正解　(3)

(1)　○

(2)　○

(3)　×　　　使用水量が**少ない**場合に自動停止すること。

(4)　○

33 　正解　(4)

(1)　○

(2)　○

(3)　○

(4)　×　　　直結加圧形ポンプユニットの圧力タンクは、**ポンプが停止した後の水圧保持のため**のものである。

(5)　○

7-9 直結加圧形ポンプユニット

34 直結加圧形ポンプユニットに関する次の記述のうち、<u>不適当なもの</u>はどれか。

(1) 水道法に基づく給水装置の構造及び材質の基準に適合し、配水管への影響が極めて小さく、安定した給水ができるものでなければならない。

(2) 配水管から直圧で給水できない建築物に、加圧して給水する方式で用いられている。

(3) 始動・停止による配水管の圧力変動が極小であり、ポンプ運転による配水管の圧力に脈動が生じないものを用いる。

(4) 制御盤は、ポンプを可変速するための機能を有し、漏電遮断器、インバーター、ノイズ制御器具等で構成される。

(5) 吸込側の圧力が異常に低下した場合には自動停止し、あらかじめ設定された時間を経過すると、自動復帰し運転を再開する。

【R2・問題 50】

34　正解　(5)

(1)　○

(2)　○

(3)　○

(4)　○

(5)　×　　吸込側の圧力が異常に低下した場合には自動停止し、圧力が**復帰した場合には**自動復帰し運転を再開する。

Important *POINT*

☑**直結加圧形ポンプユニットの仕様について**

　直結加圧形ポンプユニットは、水道法に基づく給水装置の構造及び材質の基準に適合し、かつ、次の各項が十分配慮され、配水管への影響が極めて小さく、安定した給水ができるものでなければならない。

①始動・停止による配水管の圧力変動が極小であり、ポンプ運転による配水管の圧力に脈動がないこと。

②・**吸込側の水圧が異常低下した場合には自動停止し、水圧が復帰した場合には自動復帰すること。**→設問(5)

　・配水管の水圧の変化及び使用水量に対応でき、安定給水できること。

　・使用水量が少ない場合に自動停止すること。

　・吸込側の水圧が、異常上昇した場合自動停止し、（バイパスにより）直結直圧給水ができること。

③安全性を十分確保していること。

7-9　直結加圧形ポンプユニット

35　直結加圧形ポンプユニットに関する次の記述の正誤の組み合わせのうち、<u>適当なものはどれか。</u>

ア　直結加圧形ポンプユニットは、給水装置に設置して中高層建物に直接給水することを目的に開発されたポンプ設備で、その機能に必要な構成機器すべてをユニットにしたものである。

イ　直結加圧形ポンプユニットの構成は、ポンプ、電動機、制御盤、流水スイッチ、圧力発信器、圧力タンク、副弁付定水位弁をあらかじめ組み込んだユニット形式となっている場合が多い。

ウ　直結加圧形ポンプユニットは、ポンプを複数台設置し、1台が故障しても自動切替えにより給水する機能や運転の偏りがないように自動的に交互運転する機能等を有している。

エ　直結加圧形ポンプユニットの圧力タンクは、停電によりポンプが停止したとき、蓄圧機能により圧力タンク内の水を供給することを目的としたものである。

```
      ア    イ    ウ    エ
(1)   誤    正    誤    正
(2)   誤    誤    正    正
(3)   正    正    誤    誤
(4)   正    誤    正    誤
```

【R1・問題46】

35 正解 （4）

ア　正

イ　誤　　直結加圧形ポンプユニットの構成は、ポンプ、電動機、制御盤、流水スイッチ、圧力発信器、圧力タンク、~~副弁付定水位弁~~をあらかじめ組み込んだユニット形式となっている場合が多い。

ウ　正

エ　誤　　直結加圧形ポンプユニットの圧力タンクは、停電によりポンプが停止したとき、<u>水圧を保持する</u>ことを目的としたものである。

 Important **POINT**

☑直結加圧形ポンプユニットの設備機能

① **加圧ポンプ**……うず巻きポンプ、多段遠心ポンプなど交流誘導電動機を直結したものである。ポンプが故障した場合や保守点検の際の断水を避けるため、複数のポンプで構成され単独運転または並列運転ができ、運転は設定により自動的に切り替わる自動交互運転方式になっている。→設問ウ

② **制御盤**……制御用マイコン、インバータ、継電器類、表示器等を内蔵し、各検出用機器から得た情報をもとに、加圧ポンプの制御、電流・電圧・故障等の状態表示、設備の入・切、自動・手動の切替え、各制御目標値の設定等、制御に関することのすべてを行うもの。

③ **逆止弁**……逆圧による水の逆流を弁体により防止するものである。

④ **圧力タンク**……吐出側はポンプ停止後の水圧保持のため、吸込側は吸込圧力の安定のため設けるもので、特に吐出側はポンプが停止した後、圧力タンクの蓄圧機能により管内をポンプ停止前の圧力に保ち、ポンプ停止後、少量の水使用には、圧力タンク内の水を供給し、ポンプが頻繁に入・切を繰り返すことを防ぐものである。→設問エ

7-10 水道メーター

36 水道メーターに関する次の記述の正誤の組み合わせのうち、適当なものはどれか。

ア 水道メーターは、需要者が使用する水量を積算計量する計量器であり、水道法に定める特定計量器の検定に合格したものを設置しなければならない。

イ 水道メーターは、許容流量範囲を超えて水を流すと、正しい計量ができなくなるおそれがあるため、水道メーターの呼び径を決定する際には、適正使用流量範囲、瞬時使用の許容流量等に十分留意する必要がある。

ウ 水道メーターの計量方法は、流れている水の流速を測定して流量に換算する流速式（推測式）と、水の体積を測定する容積式（実測式）に分類され、我が国で使用されている水道メーターは、ほとんどが容積式である。

エ 水道メーターの遠隔指示装置は、設置した水道メーターの表示水量を水道メーターから離れた場所で能率よく検針するために設けるものであり、発信装置（又は記憶装置）、信号伝送部（ケーブル）及び受信器から構成される。

	ア	イ	ウ	エ
(1)	正	誤	誤	正
(2)	誤	正	正	誤
(3)	正	誤	正	誤
(4)	誤	誤	正	正
(5)	誤	正	誤	正

【R5・問題50】

36 **正解** (5)

ア　誤　　水道メーターは、需要者が使用する水量を積算計量する計量器であり、**計量法**に定める特定計量器の検定に合格したものを設置しなければならない。

イ　正

ウ　誤　　水道メーターの計量方法は、流れている水の流速を測定して流量に換算する流速式（推測式）と、水の体積を測定する容積式（実測式）に分類され、我が国で使用されている水道メーターは、ほとんどが**流速式**である。

エ　正

7-10 水道メーター

37 水道メーターに関する次の記述のうち、**不適当なもの**はどれか。

(1) 水道メーターは、各水道事業者により、使用する形式が異なるため、設計に当たっては、あらかじめ確認する必要がある。

(2) 接線流羽根車式水道メーターは、計量室内に設置された羽根車にノズルから接線方向に噴射水流を当て、羽根車を回転させて通過水量を積算表示する構造である。

(3) 軸流羽根車式水道メーターは、管状の器内に設置された流れに垂直な軸をもつ螺旋状の羽根車を回転させて、積算計量する構造である。

(4) 電磁式水道メーターは、給水管と同じ呼び径の直管で機械的な可動部がないため耐久性に優れ、小流量から大流量まで広範囲な計測に適している。

【R5・問題51】

38 軸流羽根車式水道メーターに関する次の記述の 内に入る語句の組み合わせのうち、**適当なもの**はどれか。

軸流羽根車式水道メーターは、管状の器内に設置された流れに平行な軸を持つ螺旋状の羽根車を回転させて、積算計量する構造のものであり、たて形とよこ形の2種類に分けられる。

たて形軸流羽根車式は、メーターケースに流入した水流が、整流器を通って、 ア に設置された螺旋状羽根車に沿って流れ、羽根車を回転させる構造のものである。水の流れが水道メーター内で イ するため損失水頭が ウ 。

	ア	イ	ウ
(1)	垂直	迂流	小さい
(2)	水平	直流	大きい
(3)	垂直	迂流	大きい
(4)	水平	迂流	大きい
(5)	水平	直流	小さい

【R4・問題48】

37 正解 (3)

(1) ○

(2) ○

(3) × 　軸流羽根車式水道メーターは、管状の器内に設置された流れに**平行**な軸をもつ螺旋状の羽根車を回転させて、積算計量する構造である。

(4) ○

38 正解 (3)

ア 垂直

イ 迂流

ウ 大きい

　軸流羽根車式水道メーターは、管状の器内に設置された流れに平行な軸を持つ螺旋状の羽根車を回転させて、積算計量する構造のものであり、たて形とよこ形の2種類に分けられる。

　たて形軸流羽根車式は、メーターケースに流入した水流が、整流器を通って、**垂直**に設置された螺旋状羽根車に沿って流れ、羽根車を回転させる構造のものである。水の流れが水道メーター内で**迂流**するため損失水頭が**大きい**。

7-10　水道メーター

39　水道メーターに関する次の記述のうち、<u>不適当なもの</u>はどれか。

(1)　水道の使用水量は、料金算定の基礎となるもので適正な計量が求められることから、水道メーターは計量法に定める特定計量器の検定に合格したものを設置する。

(2)　水道メーターは、検定有効期間が8年間であるため、その期間内に検定に合格した水道メーターと交換しなければならない。

(3)　水道メーターの技術進歩への迅速な対応及び国際整合化の推進を図るため、日本産業規格（JIS規格）が制定されている。

(4)　電磁式水道メーターは、水の流れと平行に磁界をかけ、電磁誘導作用により、流れと磁界に平行な方向に誘起された起電力により流量を測定する器具である。

(5)　水道メーターの呼び径決定に際しては、適正使用流量範囲、一時的使用の許容範囲等に十分留意する必要がある。

【R4・問題49】

39 正解 (4)

(1) ○

(2) ○

(3) ○

(4) ×　　電磁式水道メーターは、水の流れと**垂直**に磁界をかけ、電磁誘導作
用により、流れと磁界に**垂直**な方向に誘起された起電力により流量を
測定する器具である。

(5) ○

Important *POINT*

☑電磁式水道メーター

　電磁式水道メーターは、水の流れる方向と垂直に磁界をかけると、電磁誘導
作用（フレミングの右手の法則）により、流れと磁界に垂直な方向に起電力
が誘起される器具である。また、その取付姿勢は、横配管はもとより斜め配管、
縦配管への取り付けが可能である。→設問(4)

7-10　水道メーター

40　水道メーターに関する次の記述の正誤の組み合わせのうち、適当なものはどれか。

ア　たて形軸流羽根車式は、メーターケースに流入した水流が、整流器を通って、垂直に設置された螺旋状羽根車に沿って流れ、水の流れがメーター内で迂流するため損失水頭が小さい。

イ　水道メーターの表示機構部の表示方式は、計量値をアナログ表示する円読式と、計量値をデジタル表示する直読式がある。

ウ　電磁式水道メーターは、羽根車に永久磁石を取り付けて、羽根車の回転を磁気センサーで電気信号として検出し、集積回路により演算処理して、通過水量を液晶表示する方式である。

エ　接線流羽根車式水道メーターは、計量室内に設置された羽根車に噴射水流を当て、羽根車を回転させて通過流量を積算表示する構造である。

	ア	イ	ウ	エ
(1)	正	正	誤	正
(2)	正	誤	誤	正
(3)	誤	正	正	誤
(4)	正	誤	正	誤
(5)	誤	正	誤	正

【R3・問題53】

40 正解 (5)

ア　誤　　たて形軸流羽根車式は、メーターケースに流入した水流が、整流器を通って、垂直に設置された螺旋状羽根車に沿って流れ、水の流れがメーター内で迂流するため損失水頭が**やや大きい**。

イ　正

ウ　誤　　**電子式表示方式**の水道メーターは、羽根車に永久磁石を取り付けて、羽根車の回転を磁気センサーで電気信号として検出し、集積回路により演算処理して、通過水量を液晶表示する方式である。

エ　正

 Important **POINT**

☑**軸流羽根車式水道メーター**

　軸流羽根車式水道メーターは、管状の器内に設置された流れに平行な軸をもつ螺旋状の羽根車を回転させて、積算計量するもので、たて形とよこ形の2種類がある。

・**たて形軸流羽根車式**は、メーターケースに流入した水が、整流器を通って、垂直に設置された螺旋状羽根車に沿って下方から上方に流れ、羽根車を回転させる構造にある。羽根車の回転がスムーズであるため、感度がよく、小流量から大流量までの広範囲の計量が可能であるが、圧力損失がやや大きい。→設問ア

・**よこ形軸流羽根車式**は、メーターケースに流入した水が、整流器を通って、水平に設置された螺旋状羽根車に沿って流れ、羽根車を回転させる構造となっている。通過容量が大きいため圧力損失は小さいが、羽根車の回転負荷がやや大きく、微小流量域での性能が若干劣る。

7-10 水道メーター

41 水道メーターに関する次の記述のうち、<u>不適当なもの</u>はどれか。

⑴ 水道メーターの遠隔指示装置は、発信装置（又は記憶装置）、信号伝達部（ケーブル）及び受信器から構成される。

⑵ 水道メーターの計量部の形態で、複箱形とは、メーターケースの中に別の計量室（インナーケース）をもち、複数のノズルから羽根車に噴射水流を与える構造のものである。

⑶ 電磁式水道メーターは、給水管と同じ呼び径の直管で機械的可動部がないため耐久性に優れ、小流量から大流量まで広範囲な計測に適する。

⑷ 水道メーターの指示部の形態で、機械式とは、羽根車に永久磁石を取付けて、羽根車の回転を磁気センサで電気信号として検出し、集積回路により演算処理して、通過水量を液晶表示する方式である。

【R1・問題 49】

41　正解　(4)

(1)　○

(2)　○

(3)　○

(4)　×　　水道メーターの指示部の形態で、**電子式**とは、羽根車に永久磁石を取付けて、羽根車の回転を磁気センサで電気信号として検出し、集積回路により演算処理して、通過水量を液晶表示する方式である。

Important **POINT**

☑水道メーターの指示部の形態

　水道メーターの指示部の形態には，①機械式と電子式、②直読式と円読式、③湿式と乾式がある。

　電子式は上記(4)のとおり。機械式は、羽根車の回転を歯車装置により減速し指示機能に伝達して、通過水量を積算表示する方式である。

7-11　給水用具の故障と修理

42 給水用具の故障と対策に関する次の記述のうち、<u>不適当なものはどれか</u>。

(1)　受水槽のボールタップからの補給水が止まらないので原因を調査した。その結果、ボールタップの弁座が損傷していたので、ボールタップのパッキンを取替えた。

(2)　大便器洗浄弁から常に大量の水が流出していたので原因を調査した。その結果、ピストンバルブの小孔が詰まっていたので、ピストンバルブを取り外して小孔を掃除した。

(3)　副弁付定水位弁から水が出ないので原因を調査した。その結果、ストレーナに異物が詰まっていたので、分解して清掃した。

(4)　水栓を開閉する際にウォーターハンマーが発生するので原因を調査した。その結果、水圧が高いことが原因であったので減圧弁を設置した。

【R5・問題52】

43 給水用具の故障の原因に関する次の記述のうち、<u>不適当なものはどれか</u>。

(1)　ピストン式定水位弁から水が出ない場合、ピストンのOリングが摩耗して作動しないことが一因と考えられる。

(2)　ボールタップ付ロータンクに水が流入せず貯まらない場合、ストレーナーに異物が詰まっていることが一因と考えられる。

(3)　小便器洗浄弁から多量の水が流れ放しとなる場合、開閉ねじの開け過ぎが一因と考えられる。

(4)　大便器洗浄弁の吐水量が少ない場合、ピストンバルブのUパッキンが摩耗していることが一因と考えられる。

(5)　ダイヤフラム式ボールタップ付ロータンクが故障し、水が出ない場合、ボールタップのダイヤフラムの破損が一因と考えられる。

【R5・問題53】

42 **正解** (1)

(1) ×　　受水槽のボールタップからの補給水が止まらないので原因を調査した。その結果、ボールタップの弁座が損傷していたので、**ボールタップ**を取替えた。

(2) ○

(3) ○

(4) ○

43 **正解** (3)

(1) ○

(2) ○

(3) ×　　小便器洗浄弁から多量の水が流れ放しとなる場合、**ピストンバルブの小孔の詰まり**が一因と考えられる。

(4) ○

7-11　給水用具の故障と修理

44　給水用具の故障と修理に関する次の記述の正誤の組み合わせのうち、<u>適当な</u><u>ものはどれか</u>。

ア　受水槽のボールタップの故障で水が止まらなくなったので、原因を調査した。その結果、パッキンが摩耗していたので、パッキンを取り替えた。

イ　ボールタップ付ロータンクの水が止まらなかったので、原因を調査した。その結果、フロート弁の摩耗、損傷のためすき間から水が流れ込んでいたので、分解し清掃した。

ウ　ピストン式定水位弁の水が止まらなかったので、原因を調査した。その結果、主弁座パッキンが摩耗していたので、主弁座パッキンを新品に取り替えた。

エ　水栓から不快音があったので、原因を調査した。その結果、スピンドルの孔とこま軸の外径が合わなく、がたつきがあったので、スピンドルを取り替えた。

	ア	イ	ウ	エ
(1)	正	誤	正	正
(2)	正	誤	誤	正
(3)	誤	正	誤	正
(4)	誤	正	正	誤
(5)	正	誤	正	誤

【R4・問題50】

44　正解　(5)

ア　正

イ　誤　　ボールタップ付ロータンクの水が止まらなかったので、原因を調査した。その結果、フロート弁の摩耗、損傷のためすき間から水が流れ込んでいたので、**新しいフロート弁に取り替えた**。

ウ　正

エ　誤　　水栓から不快音があったので、原因を調査した。その結果、スピンドルの孔とこま軸の外径が合わなく、がたつきがあったので、**摩耗したこまを新品**に取り替えた。

7-11　給水用具の故障と修理

45　給水用具の故障と修理に関する次の記述の正誤の組み合わせのうち、<u>適当な</u>ものはどれか。

ア　大便器洗浄弁のハンドルから漏水していたので、原因を調査した。その結果、ハンドル部のパッキンが傷んでいたので、ピストンバルブを取り出し、Uパッキンを取り替えた。

イ　小便器洗浄弁の吐水量が多いので、原因を調査した。その結果、調節ねじが開け過ぎとなっていたので、調節ねじを左に回して吐水量を減らした。

ウ　ダイヤフラム式定水位弁の故障で水が出なくなったので、原因を調査した。その結果、流量調節棒が締め切った状態になっていたので、ハンドルを回して所定の位置にした。

エ　水栓から漏水していたので、原因を調査した。その結果、弁座に軽度の摩耗が見られたので、まずはパッキンを取り替えた。

	ア	イ	ウ	エ
(1)	正	誤	誤	正
(2)	誤	正	誤	正
(3)	正	正	誤	正
(4)	正	誤	正	誤
(5)	誤	誤	正	正

【R4・問題 51】

45 **正解** (5)

ア　誤　　大便器洗浄弁のハンドルから漏水していたので、原因を調査した。その結果、ハンドル部のパッキンが傷んでいたので、ピストンバルブを取り出し、~~弁座~~**パッキン**を取り替えた。

イ　誤　　小便器洗浄弁の吐水量が多いので、原因を調査した。その結果、調節ねじが開け過ぎとなっていたので、調節ねじを**右**に回して吐水量を減らした。

ウ　正

エ　正

7-11　給水用具の故障と修理

46 給水用具の故障と対策に関する次の記述のうち、<u>不適当なものはどれか</u>。

(1) 水栓を開閉する際にウォーターハンマーが発生するので原因を調査した。その結果、水圧が高いことが原因であったので、減圧弁を設置した。

(2) ピストン式定水位弁の故障で水が出なくなったので原因を調査した。その結果、ストレーナーに異物が詰まっていたので、新品のピストン式定水位弁と取り替えた。

(3) 大便器洗浄弁から常に大量の水が流出していたので原因を調査した。その結果、ピストンバルブの小孔が詰まっていたので、ピストンバルブを取り外し、小孔を掃除した。

(4) 小便器洗浄弁の吐水量が少なかったので原因を調査した。その結果、調節ねじが閉め過ぎだったので、調節ねじを左に回して吐水量を増やした。

(5) ダイヤフラム式ボールタップ付ロータンクのタンク内の水位が上がらなかったので原因を調査した。その結果、排水弁のパッキンが摩耗していたので、排水弁のパッキンを交換した。

【R3・問題54】

46 正解 (2)

(1) ○

(2) ×　　ピストン式定水位弁の故障で水が出なくなったので原因を調査した。その結果、ストレーナーに異物が詰まっていたので、**分解して清掃した。**

(3) ○

(4) ○

(5) ○

まとめ

これだけは、必ず覚えよう！

1. 給水装置の概要

①給水装置とは、配水管から分岐して設けられた給水管及びこれに直結する給水用具から構成される。これらの設置費用の負担及び管理等は、原則として需要者が行う。

②給水装置の構造及び材質の基準は、水道法第16条を受けて政令で定められている。この法第16条では、政令に定めた基準に適合しない場合には、供給規程の定めるところにより、給水契約の申込みを拒み、又は構造・材質基準に適合させるまでの間、給水を停止することができる。

③給水装置工事は、給水装置の設置又は変更の工事で、給水装置の新設、改造、修繕及び撤去の工事である。なお、給水装置工事には調査、計画、施工及び検査の全て又は一部が含まれる。

2. 給水管及び継手

(1) ライニング鋼管

ライニング鋼管の継手は、フランジ継手もあるが、ねじ継手が一般的で、管端防食継手を用いる。外面被覆管を地中埋設する場合は、外面被覆などの耐食性を配慮した継手を使用する。

①硬質塩化ビニルライニング鋼管……屋内配管（SGP-VA）、屋内・屋外露出配管（SGP-VB）、地中埋設・屋外露出配管（SGP-VD）を使用。管端防食継手。ねじ込み接合。

②耐熱性硬質塩化ビニルライニング鋼管……給湯・冷温水に使用、連続使用許容85℃以下。

③ポリエチレン粉体ライニング鋼管……管・継手の種類・接合方法等は、硬質塩化ビニルライニング鋼管に準じる。SGP-PA、SGP-PB、SGP-PD。

(2) ステンレス鋼管

耐食性・強度的に優れ、軽量化で取扱いが容易。ステンレス鋼鋼管、波状ステンレス鋼管がある。継手には伸縮可とう式継手、プレス式継手がある。

⑶ 銅管

・引張強さが比較的大きい。アルカリに侵されず、スケールの発生が少ない。
・遊離炭素が多い水質に適さない。軟質銅管は 4 ～ 5 回の凍結では破壊しない。
・ろう付・はんだ付継手及び機械継手がある。

⑷ ダクタイル鋳鉄管

　ダクタイル鋳鉄管の接合形式は、GX 形、NS 形、K 形、T 形、フランジ形等多種類あるが、一般に、給水装置では、メカニカル継手（GX 形異形管、K 形）、プッシュオン継手（GX 形直管、NS 形、T 形）及びフランジ継手の 3 種類がある。

⑸ 合成樹脂管

①塩化ビニル管

　ア．硬質ポリ塩化ビニル管……熱・衝撃に弱い。有機溶剤、ガソリン、灯油等は材質に悪影響を及ぼす。TS 継手、RR 接合。

　イ．耐衝撃性硬質ポリ塩化ビニル管……長期間、直射日光に当たると強度が低下する。

　ウ．耐熱性硬質ポリ塩化ビニル管……90 ℃以下の給湯配管に使用できる。

②ポリエチレン管

　ア．水道用ポリエチレン二層管

　　・主に道路内及び宅地内の埋設管として用いられている。
　　・柔軟性がある。長尺物で少ない継手で施工できる。
　　・有機溶剤・ガソリン等に触れるおそれのある箇所には注意が必要である。
　　・金属継手を一般的に使用する。

　イ．水道配水用ポリエチレン管

　　・高密度ポリエチレン樹脂（口径 50㎜以上の管）を主材料とした管で、耐久性、耐食性、衛生性に優れる。
　　・管の柔軟性に加え、メカニカル継手や EF 継手等により管と継手が一体化し、地震、地盤変動等に適応できる。
　　・軽量で取扱いが容易である。管の保護は直射日光を避けるとともに、管に傷がつかないよう、保管や運搬及び施工に際しては取扱いに注意が必要である。
　　・EF 継手、金属継手、メカニカル継手の 3 種類がある。

③水道給水用ポリエチレン管
・高密度ポリエチレン樹脂を主材料とした管で、耐久性、耐食性、衝撃性に優れる。
・EF 継手、金属継手、メカニカル継手の 3 種類がある。
④架橋ポリエチレン管
・柔軟性がある。長尺物で少ない継手で施工できる。
・熱に弱い。
・メカニカル式継手と EF 継手、分岐部にはヘッダーを用いる。
⑤ポリブテン管
・高温時でも高い強度を有する。
・温水用配管に適するが、熱による膨張破壊のおそれがあり、使用圧力により減圧弁の設置が必要。
・メカニカル式継手と EF 継手、熱融着式継手がある。

3. 給水用具

(1) 分水栓
分水栓（甲形、乙形）、サドル付分水栓（金属製、樹脂製）、割 T 字管、防食コア

(2) 止水栓
①甲形止水栓……止水部が落としこま構造であり、損失水頭が大きい。
②ボール止水栓
　ア．ボール止水栓……弁体が球状のため 90°回転で全開、全閉することができる構造であり、損失水頭は極めて小さい。
　イ．逆止弁内蔵型……逆止弁付ボール式伸縮止水栓、リフト式逆流防止弁内蔵ボール止水栓、ばね式逆止弁内蔵ボール止水栓
③仕切弁……弁体が垂直に上下し、全開・全閉する構造であり、全開時の損失水頭は極めて小さい。
④玉形弁……止水部が吊りこま構造であり、弁部の構造から流れが S 字形となるため損失水頭が大きい。
⑤不断水簡易仕切弁

(3) 給水栓
水栓類 、ボールタップ、洗浄弁、不凍栓類、水道用コンセント

⑷ 弁類

①減圧弁……調整ばね、ダイヤフラム、弁体等の圧力調整機能によって、一時側の圧力が変動しても、二次側を一次側より低い圧力に保持する給水用具である。

②定流量弁……ばね、オリフィス、ニードル式等による流量調整機能によって、一次側の圧力にかかわらず流量が一定になるよう調整する給水用具である。

③安全弁（逃し弁）……一次側の圧力が、あらかじめ設定された圧力以上になると、弁体が自動的に開いて過剰圧力を逃がし、圧力が所定の値に降下すると閉じる機能を持った給水用具である。

④逆止弁

ア．ばね式逆止弁……弁体をばねによって弁座に押し付け、逆止する構造。単式逆止弁、複式逆止弁、二重式逆流防止器、減圧式逆流防止器がある。

イ．リフト式逆止弁……弁体が弁箱又は蓋に設けられたガイドによって弁座に対し垂直に作動し、弁体の自重で閉止の位置に戻る構造のものである。

ウ．自重式逆止弁……一次側の流水圧で逆止弁体を押し上げて通水し、停水又は逆圧時は逆止弁体が自重と逆圧で弁座を閉じる構造である。

エ．スイング式逆止弁……弁体がヒンジピンを支点として自重で弁座面に圧着し、通水時に弁体が押し開かれ、逆圧によって自動的に閉止する構造である。

オ．中間室大気開放型逆流防止器……第1逆止弁と第2逆止弁の間に通気口を備え、逆流が発生すると通気口から排水し、低圧や汚染の危険度が低いものでの逆圧・負圧による逆流を防止する。

カ．逆止弁付メーターパッキン……配管接合部をシールするメーター用パッキンにスプリング式の逆流防止弁を備えた構造である。

⑸ バキュームブレーカ

給水管内に負圧が生じたとき、逆サイホン作用により使用済の水その他の物質が逆流し、水が汚染されることを防止するため、負圧部分へ自動的に空気を取り入れる機能を持った水用具である。圧力式と大気圧式がある。

⑹ 空気弁

給水立て管頂部に設置し、管内に停滞した空気を自動的に排出する機能を持った給水用具である。

⑺ 吸排気弁

管内に停滞した空気を自動的に排出する機能と管内に負圧が生じた場合に自動的に吸気する機能を併せ持った給水用具である。

⑻ 吸気弁

寒冷地などの水抜き配管で、不凍栓を使用して二次側配管内の水を排水し凍結を防ぐ配管において、排水時に同配管内に空気を導入して水抜きを円滑にする自動弁である。

⑼ ミキシングバルブ

湯・水配管の途中に取付けて、湯と水を混合し、設定温度の湯を吐水する給水用具。ハンドル式とサーモスタット式がある。

⑽ 冷水機（ウォータークーラー）

冷却槽で給水管路内の水を任意の一定温度に冷却し、押ボタン式又は足踏式の開閉弁を操作して、冷水を噴出する給水用具である。

⑾ 自動販売機

⑿ 製氷機

⒀ 湯沸器

①瞬間湯沸器……給湯に連動してガス通路を開閉する機構を備え、最高 85 ℃程度まで温度を上げることができるが、通常は 40 ℃前後で使用される。元止め式、先止め式の構造。

②ガス給湯付ふろがま

③潜熱回収型給湯器（通称　ガス：エコジョーズ、石油：エコフィール）

④電気温水器

⑤貯湯湯沸器……貯湯部が密閉されており、貯湯部にかかる圧力が 100 kPa 以下で、かつ伝熱面積が 4 ㎡以下の構造。

⑥貯蔵湯沸器……ボールタップを備えた器内の容器に貯水した水を、一定温度に加熱して給湯する。

⑦循環式自動湯張り型ふろがま……自動給湯回路と追いだき回路を併せ持つ湯沸器である。

⑧太陽熱利用貯湯湯沸器……一般用貯湯湯沸器を本体とし、太陽集熱器に集熱された太陽熱を主たる熱源として、水を加熱し給湯する給水用具である。二回路型、水道直結型、シスターン型がある。

⑨自然冷媒ヒートポンプ給湯機（通称　エコキュート）……熱源に大気熱を利用しているため、消費電力が少ない湯沸器である。水の加熱が貯湯槽外で行われるため、労働安全衛生法及び圧力容器安全規則の適用を受けない。

⑩地中熱ヒートポンプ給湯機……地表面から 10m 以深の温度は年間を通して一定であり、その安定した温度の熱を利用する。

⑭ 浄水器

水道水中の残留塩素等の溶存物質や濁度等の減少を主目的とした給水用具で、以下の2種類がある。

① 先止め式……水栓の流入側に取り付けられ、常時水圧が加わるもの。
② 元止め式……水栓の流出側に取り付けられ、常時水圧が加わらないもの。

濾過材は、①活性炭、②ポリエチレン、ポリスルホン、ポリプロピレン等からできた中空糸膜を中心とした濾過膜、③その他（セラミックス、ゼオライト、不織布、天然サンゴ、イオン交換樹脂等）がある。

アンダーシンク型浄水器、据置型浄水器、水栓一体型浄水器に分類される。

⑮ 直結加圧形ポンプユニット

給水装置に設置して中高層建物に直結することを目的としたポンプ設備で、ポンプ、電動機、制御盤（インバータ含む）、バイパス管（逆止弁含む）、流水スイッチ、圧力発信機、圧力タンク（設置が必須条件でない）等からなっている。

⑯ 温水洗浄便座

温水発生装置で得られた温水をノズルから射出し、おしり等を洗浄する装置を具備した便座である。

⑰ 食器洗い機

⑱ ディスポーザ用給水装置

台所の排水口部に取り付けて生ごみを粉砕するディスポーザとセットして使用する器具である。排水口部で粉砕された生ごみを水で排出するために使用する。

⑲ 水栓柱（立水栓）

⑳ その他の給水用具

スプリンクラーヘッド、水撃防止器、シャワーヘッド、給湯用加圧装置、非常用貯水槽、ユニット化装置がある。

4．水道メーター

(1) 水道メーターの分類

①接線流羽根車式水道メーター……計量室内に設置された羽根車にノズルから接線方向に噴射水流を当て、羽根車を回転させて通過水量を積算表示する構造のもの。

②軸流羽根車式水道メーター……管状の器内に設置された流れに平行な軸をもつ螺旋状の羽根車を回転させて、積算計量するもので、たて形とよこ形の2種類に分けられる。

③電磁式水道メーター……水の流れの方向に垂直に磁界をかけると、電磁誘導作用（フレミングの右手の法則）により、流れと磁界に垂直な方向に起動力が誘起される。ここで、磁界の磁束密度を一定にすれば、起電力は流速に比例した信号となり、この信号に管断面積を乗じて単位時間ごとにカウントすることにより、通過した体積が得られる。

(2) 水道メーターの構造

水道メーターの構造において、計量部の形態は単箱式と複箱式に分けられる。単箱式とは、メーターケース内に流入した水流を羽根車に直接与える構造のものをいう。複箱式は、メーターケースの中に別の計量室をもち、ノズルから羽根車に噴射水流を与える構造となっている。

また、指示部の形態は以下のとおりである。

①機械式と電子式

・機械式……羽根車の回転を歯車装置により減速し指示機能に伝達して、通過水量を積算表示する。

・電子式……羽根車に永久磁石を取り付けて、羽根車の回転を磁気センサーで電気信号として検出し、集積回路により演算処理して通過流量を液晶表示する。

②直読式と円読式

・直読式……計量値を数字（デジタル）によって目盛板に積算表示する。

・円読式……計量値を回転指針（アナログ）によって目盛板に積算表示する。

5. 給水用具の故障と対策

(1) 水栓の故障と対策

故　障	原　因	対　策
漏水	こま、パッキンの摩耗、損傷	こま、パッキンを取り替える
	弁座の摩耗、損傷	軽度の摩耗、損傷ならば、パッキンを取り替える。その他の場合は水栓を取り替える
水撃 （ウォーターハンマー等）	こまとパッキンの外径の不揃い（ゴムが摩耗して拡がった場合など）	摩耗したこまを新品に取り替える
	パッキンが軟らかいときのキャップナットの締め過ぎ	パッキンの材質を変えるか、キャップナットを緩める
	こまの裏側（パッキンとの接触面）の仕上げ不良	こまを取り替える
	パッキンが軟らかすぎるとき	適当な硬度のパッキンに取り替える
	水圧が異常に高いとき	減圧弁等を設置する
不快音	スピンドルの孔とこま軸の外径が合わなく、がたつきがあるとき	摩耗したこまを新品に取り替える
キャップナット部からの水漏れ	スピンドル又はキャップナット内部パッキンの摩耗、損傷	スピンドル又はキャップナット内部パッキンを取り替える
スピンドルのがたつき	スピンドルのねじ山の摩耗	スピンドル又は水栓を取り替える
水の出が悪い	弁座、整流金具のゴミ詰まり	ストレーナのゴミを除去する
	水栓のストレーナにゴミが詰まったとき	水栓を取り外し、ストレーナのゴミを除去する

(2) ボールタップの故障と対策

故　障	原　因	対　策
水が止まらない	弁座に異物が付着することによる締めきりの不完全	分解して異物を取り除く
	パッキンの摩耗	パッキンを取り替える
	水撃作用（ウォーターハンマー）が起きやすく、止水不完全	水面が動揺する場合は、波立ち防止板を設ける
	バルブ部（弁部）の損傷又は動作不良	バルブ部（弁座）を取り替える
	弁座が損傷又は摩耗	ボールタップを取り替える
水が出ない	異物による詰まり	分解して清掃する

Chapter 8

給水装置施工管理法

■ 試験科目の主な内容

●給水装置工事の工程管理、品質管理及び安全管理に関する知識を有していること。

例　○工程管理（最適な工程の選定）
　　○品質管理（給水装置工事における品質管理）
　　○安全管理（工事従事者の安全管理、安全作業の方法）

■ 過去5年の出題傾向と本書掲載問題数

Chapter 8 給水装置施工管理法	本書掲載 問題数	過去5年出題数	2023年 [R5] 問題番号	2022年 [R4] 問題番号	2021年 [R3] 問題番号	2020年 [R2] 問題番号	2019年 [R1] 問題番号
8-1 給水装置工事の定義・基本	0	0					
8-2 給水装置工事の施工管理	4	7	57	56　57	56	57	52　53
8-3 給水装置工事の工程管理	3	5	54　56		57	56	51
8-4 給水装置工事の品質管理	3	6	55	58	58	58	54　55
8-5 給水装置工事の安全管理	2	2	58				56
8-6 公道上の施工・ 建設工事公衆災害防止対策	7	9	59　60	59　60	59　60	59　60	57
計	19	29					

　　　　　　　　　　　　　　　　　　　　　　　　　　　■ は本書掲載を示す

8-2 給水装置工事の施工管理

1 給水装置工事の施工管理に関する次の記述のうち、**不適当なものはどれか。**

(1) 施工計画書には、現地調査、水道事業者等との協議に基づき作業の責任を明確にした施工体制、有資格者名簿、施工方法、品質管理項目及び方法、安全対策、緊急時の連絡体制と電話番号、実施工程表等を記載する。

(2) 施工に当たっては、施工計画書に基づき適正な施工管理を行う。具体的には、施工計画に基づく工程、作業時間、作業手順、交通規制等に沿って工事を施行し、必要の都度工事目的物の品質確認を実施する。

(3) 常に工事の進捗状況について把握し、施工計画時に作成した工程表と実績とを比較して工事の円滑な進行を図る。

(4) 配水管からの分岐以降水道メーターまでの工事は、道路上での工事を伴うことから、施工計画書を作成して適切に管理を行う必要があるが、水道メーター以降の工事は、宅地内での工事であることから、その限りではない。

(5) 施工計画書に品質管理項目と管理方法、管理担当者を定め品質管理を実施するとともに、その結果を記録にとどめる他、実施状況を写真撮影し、工事記録としてとどめておく。

【R5・問題57】

1 正解 (4)

(1) ○

(2) ○

(3) ○

(4) × 　配水管からの分岐以降水道メーターまでの工事は、道路上での工事を伴うことから、施工計画書を作成して適切に管理を行う必要があるが、水道メーター以降の工事**も、道路上での給水装置工事と同様に施工計画書の作成と、それに基づく工程管理、品質管理、安全管理等を行う必要がある。**

(5) ○

 Important **POINT**

☑**施工管理**

　施工管理とは、施主（発注者）の要求を満たしつつ、品質の良い建物（目的物）を提供するため、工事全体の管理、監督を行うことである。具体的には、技術者、技能者等工事従事者を選任し、工事に使用する材料、工事方法、建設機械などを選定し、施工計画を立て、発注者が求める工期内に、適切な品質の目的物を、適切な価格で安全に建設するために、工程管理、品質管理、安全管理等を行うことである。

8-2 給水装置工事の施工管理

2　給水装置工事における施工管理に関する次の記述のうち、<u>不適当なものはどれか。</u>

(1)　配水管からの分岐以降水道メーターまでの工事は、あらかじめ水道事業者の承認を受けた工法、工期その他の工事上の条件に適合するように施工する必要がある。

(2)　水道事業者、需要者（発注者）等が常に施工状況の確認ができるよう必要な資料、写真の取りまとめを行っておく。

(3)　道路部掘削時の埋戻しに使用する埋戻し土は、水道事業者が定める基準等を満たした材料であるか検査・確認し、水道事業者の承諾を得たものを使用する。

(4)　工事着手に先立ち、現場付近の住民に対し、工事の施工について協力が得られるよう、工事内容の具体的な説明を行う。

(5)　工事の施工に当たり、事故が発生した場合は、直ちに必要な措置を講じた上で、事故の状況及び措置内容を水道事業者及び関係官公署に報告する。

【R4・問題56】

3　宅地内での給水装置工事の施工管理に関する次の記述の　　　内に入る語句の組み合わせのうち、<u>適当なものはどれか。</u>

宅地内での給水装置工事は、一般に水道メーター以降　ア　までの工事である。

イ　の依頼に応じて実施されるものであり、工事の内容によっては、建築業者等との調整が必要となる。宅地内での給水装置工事は、これらに留意するとともに、道路上での給水装置工事と同様に　ウ　の作成と、それに基づく工程管理、品質管理、安全管理等を行う。

	ア	イ	ウ
(1)	末端給水用具	施主（需要者等）	施工計画書
(2)	末端給水用具	水道事業者	工程表
(3)	末端給水用具	施主（需要者等）	工程表
(4)	建築物の外壁	水道事業者	工程表
(5)	建築物の外壁	施主（需要者等）	施工計画書

【R4・問題57】

2 正解 (3)

(1) ○

(2) ○

(3) ×　　道路部掘削時の埋戻しに使用する埋戻し土は、**道路管理者**が定める基準等を満たした材料であるか検査・確認し、**道路管理者**の承諾を得たものを使用する。

(4) ○

(5) ○

3 正解 (1)

ア　末端給水用具

イ　施主（需要者等）

ウ　施工計画書

　宅地内での給水装置工事は、一般に水道メーター以降**末端給水用具**までの工事である。

　施主（需要者等）の依頼に応じて実施されるものであり、工事の内容によっては、建築業者等との調整が必要となる。宅地内での給水装置工事は、これらに留意するとともに、道路上での給水装置工事と同様に**施工計画書**の作成と、それに基づく工程管理、品質管理、安全管理等を行う。

8-2 給水装置工事の施工管理

4 給水装置工事の施工管理に関する次の記述の正誤の組み合わせのうち、<u>適当なものはどれか。</u>

ア 施工計画書には、現地調査、水道事業者等との協議に基づき、作業の責任を明確にした施工体制、有資格者名簿、施工方法、品質管理項目及び方法、安全対策、緊急時の連絡体制と電話番号、実施工程表等を記載する。

イ 水道事業者、需要者（発注者）等が常に施工状況の確認ができるよう必要な資料、写真の取りまとめを行っておく。

ウ 施工に当たっては、施工計画書に基づき適正な施工管理を行う。具体的には、施工計画に基づく工程、作業時間、作業手順、交通規制等に沿って工事を施工し、必要の都度工事目的物の品質確認を実施する。

エ 工事の過程において作業従事者、使用機器、施工手順、安全対策等に変更が生じたときは、その都度施工計画書を修正し、工事従事者に通知する。

	ア	イ	ウ	エ
(1)	誤	正	正	正
(2)	正	誤	正	誤
(3)	誤	正	誤	正
(4)	誤	正	正	誤
(5)	正	正	正	正

【R3・問題 56】

4 　正解　(5)

ア　正

イ　正

ウ　正

エ　正

8-3 給水装置工事の工程管理

5 給水装置工事の工程管理に関する次の記述の　　　内に入る語句の組み合わせのうち、**適当なもの**はどれか。

　工程管理は、　ア　に定めた工期内に工事を完了するため、事前準備の　イ　や水道事業者、建設業者、道路管理者、警察署等との調整に基づき工程管理計画を作成し、これに沿って、効率的かつ経済的に工事を進めて行くことである。

　工程管理するための工程表には、　ウ　、ネットワーク等がある。

	ア	イ	ウ
(1)	工事標準仕様書	現地調査	出来形管理表
(2)	工事標準仕様書	材料手配	バーチャート
(3)	契約書	現地調査	出来形管理表
(4)	契約書	現地調査	バーチャート
(5)	契約書	材料手配	出来形管理表

【R5・問題 54】

6 給水装置工事の工程管理に関する次の記述の　　　内に入る語句の組み合わせのうち、**適当なもの**はどれか。

　工程管理は、一般的に計画、実施、　ア　に大別することができる。計画の段階では、給水管の切断、加工、接合、給水用具据え付けの順序と方法、建築工事との日程調整、機械器具及び工事用材料の手配、技術者や配管技能者を含む　イ　を手配し準備する。工事は　ウ　の指導監督のもとで実施する。

	ア	イ	ウ
(1)	管理	作業従事者	給水装置工事主任技術者
(2)	検査	作業従事者	技能を有する者
(3)	管理	作業主任者	給水装置工事主任技術者
(4)	検査	作業主任者	給水装置工事主任技術者
(5)	管理	作業主任者	技能を有する者

【R5・問題 56】

5 正解 (4)

(4) 契約書　　現地調査　　バーチャート

　工程管理は、**契約書**に定めた工期内に工事を完了するため、事前準備の**現地調査**や水道事業者、建設業者、道路管理者、警察署等との調整に基づき工程管理計画を作成し、これに沿って、効率的かつ経済的に工事を進めて行くことである。

　工程管理するための工程表には、**バーチャート**、ネットワーク等がある。

6 正解 (1)

(1) 管理　　作業従事者　　給水装置工事主任技術者

　工程管理は、一般的に計画、実施、**管理**に大別することができる。計画の段階では、給水管の切断、加工、接合、給水用具据え付けの順序と方法、建築工事との日程調整、機械器具及び工事用材料の手配、技術者や配管技能者を含む**作業従事者**を手配し準備する。工事は**給水装置工事主任技術者**の指導監督のもとで実施する。

8-3 給水装置工事の工程管理

7 給水装置工事における工程管理に関する次の記述のうち、**不適当なものはどれか。**

(1) 給水装置工事主任技術者は、常に工事の進行状況について把握し、施工計画時に作成した工程表と実績とを比較して工事の円滑な進行を図る。

(2) 配水管を断水して給水管を分岐する工事は、水道事業者との協議に基づいて、断水広報等を考慮した断水工事日を基準日として天候等を考慮した工程を組む。

(3) 契約書に定めた工期内に工事を完了するため、図面確認による水道事業者、建設業者、道路管理者、警察署等との調整に基づき工程管理計画を作成する。

(4) 工程管理を行うための工程表には、バーチャート、ネットワーク等がある。

【R3・問題 57】

8-4 給水装置工事の品質管理

8 給水装置工事施工における品質管理項目に関する次の記述のうち、**不適当なものはどれか。**

(1) 給水管及び給水用具が給水装置の構造及び材質の基準に関する省令の性能基準に適合したもので、かつ検査等により品質確認がされたものを使用する。

(2) サドル付分水栓の取付けボルト、給水管及び給水用具の継手等で締付けトルクが設定されているものは、その締付け状況を確認する。

(3) 配水管への取付口の位置は、他の給水装置の取付口と 30 cm以上の離隔を保つ。

(4) サドル付分水栓を取付ける管が鋳鉄管の場合、穿孔断面の腐食を防止する防食コアを装着する。

(5) 施工した給水装置の耐久試験を実施する。

【R5・問題 55】

7 正解 (3)

(1) ○

(2) ○

(3) × 　契約書に定めた工期内に工事を完了するため、**事前準備の現地調査**や水道事業者、建設業者、道路管理者、警察署等との調整に基づき工程管理計画を作成する。

(4) ○

8 正解 (5)

(1) ○

(2) ○

(3) ○

(4) ○

(5) × 　施工した給水装置の**耐圧試験**を実施する。

Chapter
8

給水装置施工管理法

8-3 給水装置工事の工程管理

8-4 給水装置工事の品質管理

8-4 給水装置工事の品質管理

9 給水装置工事における品質管理について、穿孔後に確認する水質項目の組み合わせのうち、<u>適当なもの</u>はどれか。

(1) 残留塩素　　TOC　　　　色　　　　　濁り　　　味
(2) におい　　　残留塩素　　濁り　　　　味　　　　色
(3) 残留塩素　　濁り　　　　味　　　　　色　　　　pH値
(4) におい　　　濁り　　　　残留塩素　　色　　　　TOC
(5) 残留塩素　　におい　　　濁り　　　　pH値　　　色

【R4・問題58】

10 給水装置工事における使用材料に関する次の記述の　　　　内に入る語句の組み合わせのうち、<u>適当なもの</u>はどれか。

水道事業者は、　ア　による給水装置の損傷を防止するとともに、給水装置の損傷の復旧を迅速かつ適切に行えるようにするために、　イ　から　ウ　までの間の給水装置に用いる給水管及び給水用具について、その構造及び材質等を指定する場合がある。したがって、給水装置工事を受注した場合は、　イ　から　ウ　までの使用材料について水道事業者　エ　必要がある。

　　　　ア　　　　　　イ　　　　　　　　　　ウ　　　　　　　　エ
(1)　災害等　　　　配水管への取付口　　水道メーター　　　に確認する
(2)　災害等　　　　宅地内　　　　　　　水道メーター　　　の承認を得る
(3)　品質不良　　　配水管への取付口　　末端の給水器具　　の承認を得る
(4)　品質不良　　　宅地内　　　　　　　水道メーター　　　の承認を得る
(5)　災害等　　　　配水管への取付口　　末端の給水器具　　に確認する

【R3・問題58】

9 正解 （2）

(2) におい　残留塩素　濁り　味　色

10 正解 （1）

ア　災害等
イ　配水管への取付口
ウ　水道メーター
エ　に確認する

　水道事業者は、**災害等**による給水装置の損傷を防止するとともに、給水装置の損傷の復旧を迅速かつ適切に行えるようにするために、**配水管への取付口**から**水道メーター**までの間の給水装置に用いる給水管及び給水用具について、その構造及び材質等を指定する場合がある。したがって、給水装置工事を受注した場合は、**配水管への取付口**から**水道メーター**までの使用材料について水道事業者**に確認する**必要がある。

8-5 給水装置工事の安全管理

11 給水装置工事における埋設物の安全管理に関する次の記述の正誤の組み合わせのうち、**適当なものはどれか。**

ア 工事の施行に当たっては、地下埋設物の有無を十分に調査するとともに、近接する埋設物がある場合は、道路管理者に立会いを求めその位置を確認し、埋設物に損傷を与えないよう注意する。

イ 工事の施行に当たって掘削部分に各種埋設物が露出する場合には、防護協定などを遵守して措置し、当該埋設物管理者と協議の上で適切な表示を行う。

ウ 工事中、予期せぬ地下埋設物が見つかり、その管理者がわからない場合は、安易に不明埋設物として処理するのではなく、関係機関に問い合わせるなど十分な調査を経て対応する。

エ 工事中、火気に弱い埋設物又は可燃性物質の輸送管等の埋設物に接近する場合は、溶接機、切断機等火気を伴う機械器具を使用しない。ただし、やむを得ない場合は、所管消防署と協議し、保安上必要な措置を講じてから使用する。

	ア	イ	ウ	エ
(1)	誤	正	誤	正
(2)	正	誤	正	誤
(3)	誤	誤	正	正
(4)	正	正	誤	正
(5)	誤	正	正	誤

【R5・問題 58】

11　**正解**　(5)

ア　誤　　工事の施行に当たっては、地下埋設物の有無を十分に調査するととも
に、近接する埋設物がある場合は、**地下埋設物管理者**に立会いを求
めその位置を確認し、埋設物に損傷を与えないよう注意する。

イ　正

ウ　正

エ　誤　　工事中、火気に弱い埋設物又は可燃性物質の輸送管等の埋設物に
接近する場合は、溶接機、切断機等火気を伴う機械器具を使用しない。
ただし、やむを得ない場合は、**地下埋設物管理者**と協議し、保安上必
要な措置を講じてから使用する。

8-5　給水装置工事の安全管理

12　工事用電力設備における電気事故防止の基本事項に関する次の記述のうち、**不適当なもの**はどれか。

(1)　電力設備には、感電防止用漏電遮断器を設置し、感電事故防止に努める。

(2)　高圧配線、変電設備には、危険表示を行い、接触の危険のあるものには必ず柵、囲い、覆い等感電防止措置を行う。

(3)　水中ポンプその他の電気関係器材は、常に点検と補修を行い正常な状態で作動させる。

(4)　仮設の電気工事は、電気事業法に基づく「電気設備に関する技術基準を定める省令」等により給水装置工事主任技術者が行う。

【R1・問題 56】

8-6　公道上の施工・建設工事公衆災害防止対策

13　次のア～エの記述のうち、建設工事公衆災害に該当する組み合わせとして、**適当なもの**はどれか。

ア　水道管を毀損したため、断水した。

イ　交通整理員が交通事故に巻き込まれ、死亡した。

ウ　作業員が掘削溝に転落し、負傷した。

エ　工事現場の仮舗装が陥没し、そこを通行した自転車が転倒して、運転者が負傷した。

(1)　アとエ

(2)　イとエ

(3)　イとウ

(4)　アとウ

(5)　ウとエ

【R5・問題 59】

12 正解 (4)

(1) ○

(2) ○

(3) ○

(4) ×　　仮設の電気工事は、電気事業法に基づく「電気設備に関する技術基準を定める省令」等により**電気技術者**が行う。

13 正解 (1)

(1) アとエ

ア　　水道管を毀損したため、断水した。

エ　　工事現場の仮舗装が陥没し、そこを通行した自転車が転倒して、運転者が負傷した。

8-6 公道上の施工・建設工事公衆災害防止対策

14 建設工事公衆災害防止対策要綱に関する次の記述のうち、<u>不適当なものはど</u><u>れか</u>。

(1) 施工者は、歩行者通路とそれに接する車両の交通の用に供する部分との境及び歩行者用通路との境は、必要に応じて移動さくを間隔をあけないようにし、又は移動さくの間に安全ロープ等を張ってすき間のないよう措置しなければならない。

(2) 施工者は、道路上において又は道路に接して土木工事を夜間施行する場合には、道路上又は道路に接する部分に設置したさく等に沿って、高さ1m程度のもので夜間150m前方から視認できる光度を有する保安灯を設置しなければならない。

(3) 施工者は、工事を予告する道路標識、標示板等を、工事箇所の前方50mから500mの間の路側又は中央帯のうち視認しやすい箇所に設置しなければならない。

(4) 施工者は、道路を掘削した箇所を埋め戻したのち、仮舗装を行う際にやむをえない理由で段差が生じた場合は、10%以内の勾配ですりつけなければならない。

(5) 施工者は、歩行者用通路には、必要な標識等を掲げ、夜間には、適切な照明等を設けなければならない。また、歩行に危険のないよう段差や路面の凹凸をなくすとともに、滑りにくい状態を保ち、必要に応じてスロープ、手すり及び視覚障害者誘導用ブロック等を設けなければならない。

【R5・問題60】

14 正解 （4）

(1)　○

(2)　○

(3)　○

(4)　×　　施工者は、道路を掘削した箇所を埋め戻したのち、仮舗装を行う際にやむをえない理由で段差が生じた場合は、**5%**以内の勾配ですりつけなければならない。

(5)　○

8-6　公道上の施工・建設工事公衆災害防止対策

15 　建設工事公衆災害防止対策要綱に基づく交通対策に関する次の記述の正誤の組み合わせのうち、適当なものはどれか。

ア　施工者は、道路上に作業場を設ける場合は、原則として、交通流に対する正面から車両を出入りさせなければならない。ただし、周囲の状況等によりやむを得ない場合においては、交通流に平行する部分から車両を出入りさせることができる。

イ　施工者は、道路上において土木工事を施工する場合には、道路管理者及び所轄警察署長の指示を受け、作業場出入口等に原則、交通誘導警備員を配置し、道路標識、保安灯、セイフティコーン又は矢印板を設置する等、常に交通の流れを阻害しないよう努めなければならない。

ウ　発注者及び施工者は、土木工事のために、一般の交通を迂回させる必要がある場合においては、道路管理者及び所轄警察署長の指示するところに従い、まわり道の入口及び要所に運転者又は通行者に見やすい案内用標示板等を設置し、運転者又は通行者が容易にまわり道を通過し得るようにしなければならない。

エ　施工者は、歩行者用通路とそれに接する車両の交通の用に供する部分との境及び歩行者用通路と作業場との境は、必要に応じて移動さくを等間隔であけるように設置し、又は移動さくの間に保安灯を設置する等明確に区分する。

	ア	イ	ウ	エ
(1)	正	正	正	誤
(2)	正	誤	正	誤
(3)	誤	正	正	正
(4)	誤	正	正	誤
(5)	誤	正	誤	正

【R4・問題 59】

15 正解 (4)

ア　誤　　施工者は、道路上に作業場を設ける場合は、原則として、交通流に対する**背面**から車両を出入りさせなければならない。ただし、周囲の状況等によりやむを得ない場合においては、交通流に平行する部分から車両を出入りさせることができる。

イ　正

ウ　正

エ　誤　　施工者は、歩行者用通路とそれに接する車両の交通の用に供する部分との境及び歩行者用通路と作業場との境は、必要に応じて移動さくを**間隔をあけないように**に設置し、又は移動さくの間に保安灯を設置する等明確に区分する。

8-6　公道上の施工・建設工事公衆災害防止対策

16　建設工事公衆災害防止対策要綱に基づく交通対策に関する次の記述のうち、**不適当なもの**はどれか。

(1)　施工者は工事用の諸施設を設置する必要がある場合に当たっては、周辺の地盤面から高さ 0.8 m 以上 2 m 以下の部分については、通行者の視界を妨げることのないよう必要な措置を講じなければならない。

(2)　施工者は、道路を掘削した箇所を埋め戻したのち、仮舗装を行う際にやむを得ない理由で段差が生じた場合は、10％以内の勾配ですりつけなければならない。

(3)　施工者は、道路上において又は道路に接して土木工事を施工する場合には、工事を予告する道路標識、標示板等を、工事箇所の前方 50 m から 500 m の間の路側又は中央帯のうち視認しやすい箇所に設置しなければならない。

(4)　発注者及び施工者は、やむを得ず歩行者用通路を制限する必要がある場合、歩行者が安全に通行できるよう車道とは別に、幅 0.9 m 以上（高齢者や車椅子使用者等の通行が想定されない場合は幅 0.75 m 以上）、有効高さは 2.1 m 以上の歩行者用通路を確保しなければならない。

(5)　発注者及び施工者は、車道を制限する場合において、道路管理者及び所轄警察署長から特に指示のない場合は、制限した後の道路の車線が 1 車線となる場合にあっては、その車道幅員は 3 m 以上とし、2 車線となる場合にあっては、その車道幅員は 5.5 m 以上とする。

【R4・問題 60】

16 正解 (2)

(1) ○

(2) ×　　施工者は、道路を掘削した箇所を埋め戻したのち、仮舗装を行う際にやむを得ない理由で段差が生じた場合は、**5%以内**の勾配ですりつけなければならない。

(3) ○

(4) ○

(5) ○

8-6　公道上の施工・建設工事公衆災害防止対策

17　公道における給水装置工事の安全管理に関する次の記述の正誤の組み合わせのうち、**適当なもの**はどれか。

ア　工事中、火気に弱い埋設物又は可燃性物質の輸送管等の埋設物に接近する場合は、溶接機、切断機等火気を伴う機械器具を使用しない。ただし、やむを得ない場合は、所管消防署と協議し、保安上必要な措置を講じてから使用する。

イ　工事の施行に当たっては、地下埋設物の有無を十分に調査するとともに、近接する埋設物がある場合は、道路管理者に立会いを求めその位置を確認し、埋設物に損傷を与えないよう注意する。

ウ　工事の施行に当たって掘削部分に各種埋設物が露出する場合には、防護協定などを遵守して措置し、当該埋設物管理者と協議のうえで適切な表示を行う。

エ　工事中、予期せぬ地下埋設物が見つかり、その管理者がわからないときには、安易に不明埋設物として処理するのではなく、関係機関に問い合わせるなど十分な調査を経て対応する。

	ア	イ	ウ	エ
(1)	誤	正	誤	正
(2)	誤	正	誤	誤
(3)	誤	誤	正	正
(4)	正	正	誤	正
(5)	正	誤	正	誤

【R3・問題59】

17　正解　(3)

ア　誤　　工事中、火気に弱い埋設物又は可燃性物質の輸送管等の埋設物に接近する場合は、溶接機、切断機等火気を伴う機械器具を使用しない。ただし、やむを得ない場合は、**当該地下埋設物管理者**と協議し、保安上必要な措置を講じてから使用する。

イ　誤　　工事の施行に当たっては、地下埋設物の有無を十分に調査するとともに、近接する埋設物がある場合は、**その管理者**に立会いを求めその位置を確認し、埋設物に損傷を与えないよう注意する。

ウ　正

エ　正

Chapter 8

給水装置施工管理法

8-6　公道上の施工・建設工事公衆災害防止対策

8-6　公道上の施工・建設工事公衆災害防止対策

18　次のア～オの記述のうち、公衆災害に該当する組み合わせとして、適当なものはどれか。

ア　水道管を毀損したため、断水した。
イ　交通整理員が交通事故に巻き込まれ、死亡した。
ウ　作業員が掘削溝に転落し、負傷した。
エ　工事現場の仮舗装が陥没し、そこを通行した自転車が転倒し、負傷した。
オ　建設機械が転倒し、作業員が負傷した。

(1)　アとウ
(2)　アとエ
(3)　イとエ
(4)　イとオ
(5)　ウとオ

【R3・問題60】

18　正解　(2)

(1)　×
(2)　○
(3)　×
(4)　×
(5)　×

ア　水道管を毀損したため、断水した。**→公衆災害**
イ　交通整理員が交通事故に巻き込まれ、死亡した。→労働災害
ウ　作業員が掘削溝に転落し、負傷した。→労働災害
エ　工事現場の仮舗装が陥没し、そこを通行した自転車が転倒し、負傷した。
　　　→ 公衆災害
オ　建設機械が転倒し、作業員が負傷した。→労働災害

 Important **POINT**

☑ **労働災害**
　労働災害とは、労働者の就業に係る建設物、設備、原材料、ガス、蒸気、粉じん等により、又は作業行動その他業務に起因して、労働者が負傷し、疾病にかかり、又は死亡することをいう。

☑ **公衆災害**
　公衆災害とは、当該工事の関係者以外の第三者（公衆）に対する生命、身体及び財産に関する危害並びに迷惑をいう。この迷惑には、騒音、振動、ほこり、におい等の外、水道、電気等の施設の棄損による断水や停電も含まれる。

8-6　公道上の施工・建設工事公衆災害防止対策

19　建設工事公衆災害防止対策要綱に関する次の記述のうち、<u>不適当なものはどれか</u>。

(1)　施工者は、仮舗装又は覆工を行う際、やむを得ない理由で周囲の路面と段差が生じた場合は、10パーセント以内の勾配ですりつけなければならない。

(2)　施工者は、歩行者用通路と作業場との境は、移動さくを間隔をあけないように設置し、又は移動さくの間に安全ロープ等をはってすき間ができないよう設置する等明確に区分しなければならない。

(3)　施工者は、通行を制限する場合の標準として、道路の車線が1車線となる場合は、その車道幅員は3メートル以上、2車線となる場合は、その車道幅員は5.5メートル以上確保する。

(4)　施工者は、通行を制限する場合、歩行者が安全に通行できるよう車道とは別に幅0.9メートル以上、高齢者や車椅子使用者等の通行が想定されない場合は幅0.75メートル以上歩行者用通路を確保しなければならない。

(5)　施工者は、道路上に作業場を設ける場合は、原則として、交通流に対する背面から工事車両を出入りさせなければならない。ただし、周囲の状況等によりやむを得ない場合においては、交通流に平行する部分から工事車両を出入りさせることができる。

【R2・問題60】

19 正解 （1）

（1） ×　　施工者は、仮舗装又は覆工を行う際、やむを得ない理由で周囲の路面と段差が生じた場合は、<u>5</u>パーセント以内の勾配ですりつけなければならない。

（2）　○

（3）　○

（4）　○

（5）　○

まとめ

これだけは、必ず覚えよう！

1．給水装置工事の施工管理

(1) 道路上の給水装置工事の施工管理

①給水装置工事は、配水管の取付口から末端の給水用具までの工事である。そのうち、配水管からの分岐工事は、道路上での工事を必要としていることから、適切な工程管理、品質管理、安全管理を行う必要がある。

②給水装置工事主任技術者は、給水装置の構造及び材質の基準に関する省令や工事箇所の給水区域の水道事業者の給水条例等を十分理解し、水道事業者の指導のもとで、適切に作業を行うことができる技能を有する者を工事に従事させ、又は、その者に当該工事に従事する他の者を実地に監督させる。

(2) 宅地内の給水装置工事の施工管理

①宅地内の給水装置工事は、一般に水道メーター以降末端給水用具までの工事であるが、施主の依頼に応じて実施されるものであり、工事の内容によっては、建築業者等との調整が必要となることもある。

②上記の他、宅地内の給水装置工事は、基準省令や工事箇所の給水区域の水道事業者の給水条例等を十分理解し、道路上での給水装置工事と同様に施工計画書の作成と、それに基づく工程管理、品質管理、安全管理を行う必要がある。

2．給水装置工事の施工管理

(1) 事故防止の主な基本事項

①工事の施行にあたっては、地下埋設物の有無を十分に調査するとともに当該埋設物管理者に立会を求める等その位置を確認し、埋設物に損傷を与えないよう注意する。

②埋設物に接近して掘削する場合は、周囲地盤のゆるみ、沈下等に十分注意して施工し、必要に応じて当該埋設物の管理者と協議のうえ、防護措置等を講ずる。また、掘削部分に各種埋設物が露出する場合には、防護協定等を遵守して措置し、当該管理者と協議のうえ、適切な表示を行う。

③工事中、火気に弱い埋設物又は可燃性物質の輸送管等の埋設部に近接する場合は、溶接機、切断機等火気を伴う機械器具を使用しない。

④工事用電気設備については、感電防止用漏電しゃ断器を設置し、感電事故防止

に努める。また、高圧配線、変電設備には危険表示を行い、接触の危険のある
ものには必ずさく、囲い、覆い等感電防止措置を行う。

⑤工事中、その箇所が酸素欠乏若しくは有毒ガスが発生するおそれがあると判断
したとき又は関係機関から指示されたときは、酸素欠乏症等防止規則等により
換気設備、酸素濃度測定器、有毒ガス検知器、救助用具等を設備し、酸欠作業
主任者をおき万全の対策を講じる。

(2) 交通保安対策

①工事施行中の交通保安対策については、当該道路管理者及び所轄警察署長の許
可条件及び指示に基づき適切に交通保安を施行し、かつ、通行者等の事故防止
に努めること。

②給水装置工事の交通保安に重要と考えられるものを参考として、また、建設工
事公衆災害防止対策要綱を遵守し、施行しなければならない。

合　格　基　準

1．配点

配点は、一題につき1点とする。（必須6科目計40点、全科目計60点。）

2．合格基準

一部免除者（水道法施行規則第31条の規定に基づき、試験科目の一部免除を受けた者をいう。）においては次の(1)及び(3)、非免除者（全科目を受験した者をいう。）においては次の(1)〜(3)の全てを満たすこととする。

(1) 必須6科目（公衆衛生概論、水道行政、給水装置工事法、給水装置の構造及び性能、給水装置計画論、給水装置工事事務論）の得点の合計が、27点以上であること。

(2) 全8科目の総得点が、40点以上であること。

(3) 次の各科目の得点が、それぞれ以下に示す点以上であること。

・公衆衛生概論	1点
・水道行政	2点
・給水装置工事法	4点
・給水装置の構造及び性能	4点
・給水装置計画論	2点
・給水装置工事事務論	2点
・給水装置の概要	5点
・給水装置施工管理法	3点

2023年 試 験 問 題

最新問題を解いてみよう！

●この60問はChapter 1〜8にも掲載し、解答・解説を加えています。
ご参照ください。

公 衆 衛 生 概 論

問題 1

水道施設とその機能に関する次の組み合わせのうち、**不適当なものはどれか。**

(1) 導水施設・・・取水した原水を浄水場に導く。

(2) 貯水施設・・・処理が終わった浄水を貯留する。

(3) 取水施設・・・水道の水源から原水を取り入れる。

(4) 配水施設・・・一般の需要に応じ、必要な浄水を供給する。

(5) 浄水施設・・・原水を人の飲用に適する水に処理する。

問題 2

水道の塩素消毒に関する次の記述のうち、**不適当なものはどれか。**

(1) 塩素系消毒剤として使用されている次亜塩素酸ナトリウムは、光や温度の影響を受けて徐々に分解し、有効塩素濃度が低下する。

(2) 残留塩素とは、消毒効果のある有効塩素が水中の微生物を殺菌消毒したり、有機物を酸化分解した後も水中に残留している塩素のことである。

(3) 残留塩素濃度の測定方法の一つとして、ジエチル–p–フェニレンジアミン（DPD）と反応して生じる桃～桃赤色を標準比色液と比較して測定する方法がある。

(4) 給水栓における水は、遊離残留塩素が 0.4 mg/L以上又は結合残留塩素が0.1 mg/L 以上を保持していなくてはならない。

(5) 残留効果は、遊離残留塩素より結合残留塩素の方が持続する。

問題 3

　水道において汚染が起こりうる可能性がある化学物質に関する次の記述のうち、**不適当なものはどれか。**

(1)　硝酸態窒素及び亜硝酸態窒素は、窒素肥料、腐敗した動植物、家庭排水、下水等に由来する。乳幼児が経口摂取することで、急性影響としてメトヘモグロビン血症によるチアノーゼを引き起こす。

(2)　水銀の飲料水への混入は工場排水、農薬、下水等に由来する。メチル水銀等の有機水銀の毒性は極めて強く、富山県の神通川流域に多発したイタイイタイ病は、メチル水銀が主な原因とされる。

(3)　ヒ素の飲料水への混入は地質、鉱山排水、工場排水等に由来する。海外では、飲料用の地下水や河川水がヒ素に汚染されたことによる慢性中毒症が報告されている。

(4)　鉛の飲料水への混入は工場排水、鉱山排水等に由来することもあるが、水道水では鉛製の給水管からの溶出によることが多い。特に、pH値やアルカリ度が低い水に溶出しやすい。

水 道 行 政

問題 4

　　水道事業者が行う水質管理に関する次の記述のうち、**不適当なものはどれか。**

(1)　毎事業年度の開始前に水質検査計画を策定し、需要者に対し情報提供を行う。

(2)　1週間に1回以上色及び濁り並びに消毒の残留効果に関する検査を行う。

(3)　取水場、貯水池、導水渠、浄水場、配水池及びポンプ井には、鍵をかけ、柵を設ける等、みだりに人畜が施設に立ち入って水が汚染されるのを防止するのに必要な措置を講ずる。

(4)　水道の取水場、浄水場又は配水池において業務に従事している者及びこれらの施設の設置場所の構内に居住している者は、定期及び臨時の健康診断を行う。

(5)　水質検査に供する水の採取の場所は、給水栓を原則とし、水道施設の構造等を考慮して水質基準に適合するかどうかを判断することができる場所を選定する。

問題 5

簡易専用水道の管理基準等に関する次の記述のうち、**不適当なもの**はどれか。

(1) 有害物や汚水等によって水が汚染されるのを防止するため、水槽の点検等を行う。

(2) 給水栓により供給する水に異常を認めたときは、必要な水質検査を行う。

(3) 水槽の掃除を毎年 1 回以上定期に行う。

(4) 設置者は、地方公共団体の機関又は厚生労働大臣の登録を受けた者の検査を定期に受けなければならない。

(5) 供給する水が人の健康を害するおそれがあることを知ったときは、その水を使用することが危険である旨を関係者に周知させる措置を講ずれば給水を停止しなくてもよい。

問題 6

給水装置及びその工事に関する次の記述の正誤の組み合わせのうち、**適当なもの**はどれか。

ア 給水装置工事とは給水装置の設置又は変更の工事をいう。

イ 工場生産住宅に工場内で給水管を設置する作業は給水装置工事に含まれる。

ウ 水道メーターは各家庭の所有物であり給水装置である。

エ 給水管を接続するために設けられる継手類は給水装置に含まれない。

	ア	イ	ウ	エ
(1)	正	誤	誤	誤
(2)	正	誤	誤	正
(3)	誤	正	正	誤
(4)	誤	誤	正	正
(5)	正	正	誤	誤

水 道 行 政

問題 7

　水道法に規定する水道事業等の認可に関する次の記述の正誤の組み合わせのうち、**適当なものはどれか。**

ア　認可制度によって、複数の水道事業者の給水区域が重複することによる不合理・不経済が回避され、国民の利益が保護されることになる。

イ　水道事業を経営しようとする者は、厚生労働大臣又は都道府県知事の認可を受けなければならない。

ウ　専用水道を経営しようとする者は、市町村長の認可を受けなければならない。

エ　水道事業を経営しようとする者は、認可後ただちに当該水道事業が一般の需要に適合していることを証明しなければならない。

	ア	イ	ウ	エ
(1)	正	正	誤	誤
(2)	誤	正	正	誤
(3)	誤	誤	正	正
(4)	正	誤	正	誤
(5)	誤	正	誤	正

問題 8

水道法第15条の給水義務に関する次の記述のうち、<u>不適当なものはどれか</u>。

(1) 水道事業者は、当該水道により給水を受ける者が正当な理由なしに給水装置の検査を拒んだときは、供給規程の定めるところにより、その者に対する給水を停止することができる。

(2) 水道事業者の給水区域内に居住する需要者であっても、希望すればその水道事業者以外の水道事業者から水道水の供給を受けることができる。

(3) 水道事業者は、正当な理由があってやむを得ない場合には、給水区域の全部又は一部につきその間給水を停止することができる。

(4) 水道事業者は、事業計画に定める給水区域内の需要者から給水契約の申し込みを受けたときは、正当な理由がなければ、これを拒んではならない。

(5) 水道事業者は、当該水道により給水を受ける者が料金を支払わないときは、供給規程の定めるところにより、その者に対する給水を停止することができる。

問題 9

水道法第19条に規定する水道技術管理者の従事する事務に関する次の記述のうち、<u>不適当なものはどれか</u>。

(1) 水道施設が水道法第5条の規定による施設基準に適合しているかどうかの検査に関する事務

(2) 水道により供給される水の水質検査に関する事務

(3) 配水施設を含む水道施設を新設し、増設し、又は改造した場合における、使用開始前の水質検査及び施設検査に関する事務

(4) 水道施設の台帳の作成に関する事務

(5) 給水装置の構造及び材質の基準に適合しているかどうかの検査に関する事務

給水装置工事法

問題 10

　配水管からの給水管の取出しに関する次の記述の正誤の組み合わせのうち、**適当なものはどれか**。

ア　ダクタイル鋳鉄管の分岐穿孔に使用するサドル分水栓用ドリルの仕様を間違えると、エポキシ樹脂粉体塗装の場合「塗膜の貫通不良」や「塗膜の欠け」といった不具合が発生しやすい。

イ　ダクタイル鋳鉄管のサドル付分水栓等の穿孔箇所には、穿孔断面の防食のための水道事業者が指定する防錆剤（ぼうせいざい）を塗布する。

ウ　不断水分岐作業の場合は、分岐作業終了後、水質確認（残留塩素の測定及びにおい、色、濁り、味の確認）を行う。

エ　配水管からの分岐以降水道メーターまでの給水装置材料及び工法等については、水道事業者が指定していることが多いので確認が必要である。

	ア	イ	ウ	エ
(1)	正	正	誤	誤
(2)	誤	正	正	誤
(3)	誤	誤	正	正
(4)	正	正	誤	正
(5)	正	誤	正	正

問題　11

　水道配水用ポリエチレン管からの分岐穿孔に関する次の記述のうち、<u>不適当</u><u>なものはどれか。</u>

(1)　割T字管の取付け後の試験水圧は、1.75 MPa 以下とする。ただし、割T字管を取り付けた管が老朽化している場合は、その管の内圧とする。

(2)　サドル付分水栓を用いる場合の手動式の穿孔機には、カッターは押し切りタイプと切削タイプがある。

(3)　割T字管を取り付ける際、割T字管部分のボルト・ナットの締付けは、ケース及びカバーの取付け方向を確認し、片締めにならないように全体を均等に締め付けた後、ケースとカバーの合わせ目の隙間がなくなるまで的確に締め付ける。

(4)　分水EFサドルの取付けにおいて、管の切削面と取り付けるサドルの内面全体を、エタノール又はアセトン等を浸みこませたペーパータオルで清掃する。

給水装置工事法

問題　12

　水道管の埋設深さ及び占用位置に関する次の記述の 〔　　〕 内に入る語句の組み合わせのうち、**正しいものはどれか**。

　道路法施行令の第11条の3第1項第2号ロでは、埋設深さについて、「水管又はガス管の本線を埋設する場合においては、その頂部と路面との距離は 〔 ア 〕 m（工事実施上やむを得ない場合は 〔 イ 〕 m）を超えていること」と規定されている。しかし、他の埋設物との交差の関係等で、土被りを標準又は規定値までとれない場合は、〔 ウ 〕 と協議することとし、必要な防護措置を施す。

　宅地部分における給水管の埋設深さは、荷重、衝撃等を考慮して 〔 エ 〕 m以上を標準とする。

	ア	イ	ウ	エ
(1)	0.9	0.6	水道事業者	0.3
(2)	0.9	0.6	道路管理者	0.2
(3)	1.2	0.5	水道事業者	0.3
(4)	1.2	0.6	道路管理者	0.3
(5)	1.2	0.5	水道事業者	0.2

問題　13

　水道管の明示に関する次の記述の正誤の組み合わせのうち、適当なものはどれか。

ア　道路部分に埋設する管などの明示テープの地色は、道路管理者ごとに定められており、その指示に従い施工する必要がある。

イ　水道事業者によっては、管の天端部に連続して明示テープを設置することを義務付けている場合がある。

ウ　道路部分に給水管を埋設する際に設置する明示シートは、指定する仕様のものを任意の位置に設置してよい。

エ　道路部分に布設する口径 75 ㎜以上の給水管に明示テープを設置する場合は、明示テープに埋設物の名称、管理者、埋設年を表示しなければならない。

	ア	イ	ウ	エ
(1)	正	誤	正	誤
(2)	正	誤	誤	正
(3)	誤	正	誤	正
(4)	正	誤	正	正
(5)	誤	正	正	誤

給水装置工事法

問題 14

水道メーターの設置に関する次の記述の正誤の組み合わせのうち、**適当なものはどれか**。

ア 新築の集合住宅等に設置される埋設用メーターユニットは、検定満期取替え時の漏水事故防止や、水道メーター取替え時間の短縮を図る等の目的で開発されたものである。

イ 集合住宅等の複数戸に直結増圧式等で給水する建物の親メーターにおいては、ウォーターハンマーを回避するため、メーターバイパスユニットを設置する方法がある。

ウ 水道メーターは、集合住宅の配管スペース内に設置される場合を除き、いかなる場合においても損傷、凍結を防止するため地中に設置しなければならない。

エ 水道メーターの設置は、原則として家屋に最も近接した宅地内とし、メーターの計量や取替え作業が容易な位置とする。

	ア	イ	ウ	エ
(1)	正	誤	誤	誤
(2)	正	正	誤	誤
(3)	誤	誤	正	正
(4)	誤	正	誤	正
(5)	誤	誤	誤	正

問題 15

　消防法の適用を受けるスプリンクラーに関する次の記述のうち、**不適当なものはどれか。**

(1)　災害その他正当な理由によって、一時的な断水や水圧低下によりその性能が十分発揮されない状況が生じても水道事業者に責任がない。

(2)　乾式配管による水道直結式スプリンクラー設備は、給水管の分岐から電動弁までの停滞水をできるだけ少なくするため、給水管分岐部と電動弁との間を短くすることが望ましい。

(3)　水道直結式スプリンクラー設備の設置で、分岐する配水管からスプリンクラーヘッドまでの水理計算及び給水管、給水用具の選定は、給水装置工事主任技術者が行う。

(4)　水道直結式スプリンクラー設備は、消防法令適合品を使用するとともに、給水装置の構造及び材質の基準に関する省令に適合した給水管、給水用具を用いる。

(5)　平成19年の消防法改正により、一定規模以上のグループホーム等の小規模社会福祉施設にスプリンクラーの設置が義務付けられた。

給水装置工事法

問題　16

　給水管の配管に当たっての留意事項に関する次の記述の正誤の組み合わせのうち、**適当なものはどれか。**

ア　給水装置工事は、いかなる場合でも衛生に十分注意し、工事の中断時又は一日の工事終了後には、管端にプラグ等で栓をし、汚水等が流入しないようにする。

イ　地震、災害時等における給水の早期復旧を図ることからも、道路境界付近には止水栓を設置しない。

ウ　不断水による分岐工事に際しては、水道事業者が認めている配水管口径に応じた分岐口径を超える口径の分岐等、配水管の強度を低下させるような分岐工法は使用しない。

エ　高水圧が生ずる場所としては、水撃作用が生ずるおそれのある箇所、配水管の位置に対し著しく高い箇所にある給水装置、直結増圧式給水による高層階部等が挙げられる。

```
        ア    イ    ウ    エ
(1)    誤    正    正    誤
(2)    正    誤    正    誤
(3)    誤    正    誤    正
(4)    正    誤    誤    正
```

問題　17

「給水装置の構造及び材質の基準に関する省令」に関する次の記述のうち、**不適当なものはどれか。**

(1) 給水管及び給水用具は、最終の止水機構の流出側に設置される給水用具を除き、耐圧のための性能を有するものでなければならない。

(2) 給水装置の接合箇所は、水圧に対する充分な耐力を確保するためにその構造及び材質に応じた適切な接合が行われているものでなければならない。

2023

(3) 家屋の主配管とは、口径や流量が最大の給水管を指し、配水管からの取り出し管と同口径の部分の配管がこれに該当する。

(4) 家屋の主配管は、配管の経路について構造物の下の通過を避けることなどにより漏水時の修理を容易に行うことができるようにする。

問題　18

給水管の接合に関する次の記述のうち、**不適当なものはどれか。**

(1) 銅管のろう接合とは、管の差込み部と継手受口との隙間にろうを加熱溶解して、毛細管現象により吸い込ませて接合する方法である。

(2) ダクタイル鋳鉄管の接合に使用する滑剤は、ダクタイル鋳鉄継手用滑剤を使用し、塩化ビニル管用滑剤やグリース等の油剤類は使用しない。

(3) 硬質塩化ビニルライニング鋼管のねじ継手に外面樹脂被覆継手を使用しない場合は、埋設の際、防食テープを巻く等の防食処理等を施す必要がある。

(4) 水道給水用ポリエチレン管の EF 継手による接合は、長尺の陸継ぎが可能であるが、異形管部分の離脱防止対策は必要である。

給水装置工事法

問題 19

ダクタイル鋳鉄管に関する接合形式の組み合わせについて、<u>適当なもの</u>はどれか。

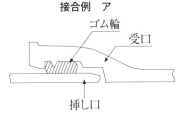

接合例 ア

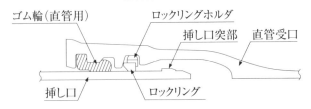

接合例 イ

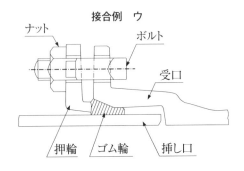

接合例 ウ

	ア	イ	ウ
(1)	K 形	GX 形	T 形
(2)	T 形	K 形	GX 形
(3)	T 形	GX 形	K 形
(4)	K 形	T 形	GX 形

給水装置の構造及び性能

問題 20

水道法第16条に関する次の記述において ☐ 内に入る正しいものはどれか。

第16条　水道事業者は、当該水道によつて水の供給を受ける者の給水装置の構造及び材質が政令で定める基準に適合していないときは、供給規程の定めるところにより、その者の給水契約の申込を拒み、又はその者が給水装置をその基準に適合させるまでの間その者に対する ☐ ことができる。

⑴　施設の検査を行う
⑵　水質の検査を行う
⑶　給水を停止する
⑷　負担の区分について定める
⑸　衛生上必要な措置を講ずる

問題 21

水道法施行令第6条（給水装置の構造及び材質の基準）の記述のうち、誤っているものはどれか。

⑴　配水管への取付口における給水管の口径は、当該給水装置による水の使用量に比し、著しく過大でないこと。

⑵　配水管の流速に影響を及ぼすおそれのあるポンプに直接連結されていないこと。

⑶　水圧、土圧その他荷重に対して充分な耐力を有し、かつ、水が汚染され、又は漏れるおそれがないものであること。

⑷　水槽、プール、流しその他水を入れ、又は受ける器具、施設等に給水する給水装置にあつては、水の逆流を防止するための適当な措置が講ぜられていること。

給水装置の構造及び性能

問題 22

次のうち、通常の使用状態において、給水装置の浸出性能基準の適用対象外となる給水用具として、**適当なものはどれか。**

(1) 洗面所の水栓

(2) ふろ用の水栓

(3) 継手類

(4) バルブ類

問題 23

給水装置の耐久性能基準に関する次の記述のうち、**不適当なものはどれか。**

(1) 耐久性能基準は、制御弁類のうち機械的・自動的に頻繁に作動し、かつ通常消費者が自らの意思で選択し、又は設置・交換できるような弁類に適用する。

(2) 弁類は、耐久性能試験により10万回の開閉操作を繰り返す。

(3) 耐久性能基準の適用対象は、弁類単体として製造・販売され、施工時に取付けられるものに限ることとする。

(4) ボールタップについては、通常故障が発見しやすい箇所に設置されており、耐久性能基準の適用対象にしないこととしている。

問題 24

　給水用具の水撃防止に関する次の記述の ▭ 内に入る語句の組み合わせの
うち、**適当なものはどれか。**

　水栓その他水撃作用を生じるおそれのある給水用具は、厚生労働大臣が定め
る水撃限界に関する試験により当該給水用具内の流速を ｱ 毎秒又は当該給
水用具内の動水圧を ｲ とする条件において給水用具の止水機構の急閉止
（閉止する動作が自動的に行われる給水用具にあっては、自動閉止）をしたとき、
その水撃作用により上昇する圧力が ｳ 以下である性能を有するものでなけ
ればならない。ただし、当該給水用具の ｴ に近接してエアチャンバーその
他の水撃防止器具を設置すること等により適切な水撃防止のための措置が講じ
られているものにあっては、この限りでない。

	ア	イ	ウ	エ
(1)	2 m	1.5 kPa	1.5 MPa	上流側
(2)	3 m	1.5 kPa	0.75 MPa	下流側
(3)	2 m	0.15 MPa	1.5 MPa	上流側
(4)	2 m	1.5 kPa	0.75 MPa	下流側
(5)	3 m	0.15 MPa	1.5 MPa	上流側

給水装置の構造及び性能

問題　25
　　金属管の侵食に関する次の記述の正誤の組み合わせのうち、<u>適当なものはど</u>れか。

ア　自然侵食のうち、マクロセル侵食とは、埋設状態にある金属材質、土壌、乾湿、通気性、pH値、溶解成分の違い等の異種環境での電池作用による侵食である。

イ　鉄道、変電所等に近接して埋設されている場合に、漏洩電流による電気分解作用により侵食を受ける。このとき、電流が金属管に流入する部分に侵食が起きる。

ウ　地中に埋設した鋼管が部分的にコンクリートと接触している場合、アルカリ性のコンクリートに接している部分の電位が、接していない部分より低くなって腐食電池が形成され、コンクリートに接触している部分が侵食される。

エ　侵食の防止対策の一つである絶縁接続法とは、管路に電気的絶縁継手を挿入して、管の電気的抵抗を大きくし、管に流出入する漏洩電流を減少させる方法である。

	ア	イ	ウ	エ
(1)	正	誤	正	誤
(2)	誤	正	正	誤
(3)	正	誤	誤	正
(4)	誤	正	誤	正

問題　26

　クロスコネクションに関する次の記述の正誤の組み合わせのうち、**適当なものはどれか。**

ア　クロスコネクションは、水圧状況によって給水装置内に工業用水、排水、井戸水等が逆流するとともに、配水管を経由して他の需要者にまでその汚染が拡大する非常に危険な配管である。

2023

イ　給水管と井戸水配管を直接連結する場合は、逆流を防止する逆止弁の設置が必要である。

ウ　給水装置と受水槽以下の配管との接続もクロスコネクションである。

エ　一時的な仮設として、給水管と給水管以外の配管を直接連結する場合は、水道事業者の承認を受けなければならない。

	ア	イ	ウ	エ
(1)	正	正	誤	誤
(2)	誤	誤	正	正
(3)	正	誤	誤	正
(4)	誤	正	誤	正
(5)	正	誤	正	誤

給 水 装 置 の 構 造 及 び 性 能

問題 27

下図のように、呼び径 25 mm の給水管からボールタップを通して水槽に給水している。この水槽を利用するときの確保すべき吐水口空間に関する次の記述のうち、**適当なものはどれか**。

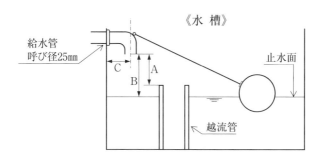

(1) 距離 A を 40 mm 以上、距離 C を 40 mm 以上確保する。

(2) 距離 B を 40 mm 以上、距離 C を 40 mm 以上確保する。

(3) 距離 A を 50 mm 以上、距離 C を 50 mm 以上確保する。

(4) 距離 B を 50 mm 以上、距離 C を 50 mm 以上確保する。

逆流防止に関する次の記述の正誤の組み合わせのうち、**適当なものはどれか。**

ア　圧力式バキュームブレーカは、バキュームブレーカに逆圧（背圧）がかかるところにも設置できる。

イ　減圧式逆流防止器は、逆止弁に比べ損失水頭が大きいが、逆流防止に対する信頼性は高い。しかしながら、構造が複雑であり、機能を良好に確保するためにはテストコックを用いた定期的な性能確認及び維持管理が必要である。

ウ　吐水口と水を受ける水槽の壁とが近接していると、壁に沿った空気の流れにより壁を伝わって水が逆流する。

エ　逆流防止性能を失った逆止弁は二次側から逆圧がかかると一次側に逆流が生じる。

	ア	イ	ウ	エ
(1)	正	誤	誤	正
(2)	誤	正	正	正
(3)	誤	正	正	誤
(4)	正	誤	正	誤

2023

給 水 装 置 の 構 造 及 び 性 能

問題　29

　凍結深度に関する次の記述の ☐ 内に入る語句の組み合わせのうち、**適当なものはどれか。**

　凍結深度は、☐ ア ☐温度が☐ イ ☐になるまでの地表からの深さとして定義され、気象条件の他、☐ ウ ☐によって支配される。屋外配管は、凍結深度より☐ エ ☐布設しなければならないが、下水道管等の地下埋設物の関係で、やむを得ず凍結深度より☐ オ ☐布設する場合、又は擁壁、側溝、水路等の側壁からの離隔が十分に取れない場合等凍結深度内に給水装置を設置する場合は保温材（発泡スチロール等）で適切な防寒措置を講じる。

	ア	イ	ウ	エ	オ
(1)	地中	0℃	管の材質	深く	浅く
(2)	管内	−4℃	土質や含水率	浅く	深く
(3)	地中	−4℃	土質や含水率	深く	浅く
(4)	管内	−4℃	管の材質	浅く	深く
(5)	地中	0℃	土質や含水率	深く	浅く

給 水 装 置 計 画 論

問題　30

　給水装置工事の基本調査に関する次の記述の正誤の組み合わせのうち、<u>適当なものはどれか</u>。

ア　水道事業者への調査項目は、工事場所、使用水量、屋内配管、建築確認などがある。

イ　基本調査のうち、道路管理者に確認が必要な埋設物には、水道管、下水道管、ガス管、電気ケーブル、電話ケーブル等がある。

ウ　現地調査確認作業は、既設給水装置の有無、屋外配管、現場の施工環境などがある。

エ　給水装置工事の依頼を受けた場合は、現場の状況を把握するために必要な調査を行う。

```
         ア    イ    ウ    エ
(1)      誤    正    正    誤
(2)      誤    正    誤    正
(3)      正    誤    誤    正
(4)      誤    誤    正    正
(5)      正    正    誤    誤
```

2023

給水装置計画論

問題　31

給水方式に関する次の記述の正誤の組み合わせのうち、**適当なものはどれか。**

ア　受水槽式の長所として、事故や災害時に受水槽内に残っている水を使用することができる。

イ　配水管の水圧が高いときは、受水槽への流入時に給水管を流れる流量が過大となるが、給水用具に支障をきたさなければ、対策を講じる必要はない。

ウ　ポンプ直送式は、受水槽に受水した後、ポンプで高置水槽へ汲み上げ、自然流下により給水する方式である。

エ　直結給水方式の長所として、配水管の圧力を利用するため、エネルギーを有効に利用することができる。

	ア	イ	ウ	エ
(1)	正	誤	誤	正
(2)	誤	正	誤	正
(3)	正	誤	正	誤
(4)	誤	正	正	誤
(5)	誤	誤	正	正

問題 32

直結給水システムの計画・設計に関する次の記述のうち、**不適当なものはどれか**。

(1) 直結給水システムにおける対象建築物の階高が4階程度以上の給水形態は、基本的には直結増圧式給水であるが、配水管の水圧等に余力がある場合は、直結直圧式で給水することができる。

(2) 直結給水システムにおける高層階への給水形態は、直結加圧形ポンプユニットを直列に設置する。

(3) 給水装置工事主任技術者は、既設建物の給水設備を受水槽式から直結式に切り替える工事を行う場合は、当該水道事業者の直結給水システムの基準等を確認し、担当部署と建築規模や給水計画を協議する。

(4) 建物の高層階へ直結給水する直結給水システムでは、配水管の事故等により負圧発生の確率が高くなることから、逆流防止措置を講じる。

(5) 給水装置は、給水装置内が負圧になっても給水装置から水を受ける容器などに吐出した水が給水装置内に逆流しないよう、末端の給水用具又は末端給水用具の直近の上流側において、吸排気弁の設置が義務付けられている。

給 水 装 置 計 画 論

問題 33

　　直結式給水による 25 戸の集合住宅での同時使用水量として、次のうち、最も適当なものはどれか。

　　ただし、同時使用水量は、標準化した同時使用水量により計算する方法によるものとし、1 戸当たりの末端給水用具の個数と使用水量、同時使用率を考慮した末端給水用具数、並びに集合住宅の給水戸数と同時使用戸数率は、それぞれ表－ 1 から表－ 3 までのとおりとする。

(1)　420 L/ 分
(2)　470 L/ 分
(3)　520 L/ 分
(4)　570 L/ 分
(5)　620 L/ 分

表－ 1　1 戸当たりの末端給水用具の個数と使用水量

末端給水用具	個数	使用水量（L/分）
台所流し	1	12
洗濯流し	1	20
洗面器	1	10
浴槽（和式）	1	20
大便器（洗浄タンク）	1	12

表－ 2　総末端給水用具数と同時使用水量比

総末端給水用具数	1	2	3	4	5	6	7	8	9	10	15	20	30
同時使用水量比	1.0	1.4	1.7	2.0	2.2	2.4	2.6	2.8	2.9	3.0	3.5	4.0	5.0

表－ 3　給水戸数と同時使用戸数率

給水戸数	1～3	4～10	11～20	21～30	31～40	41～60	61～80	81～100
同時使用戸数率（％）	100	90	80	70	65	60	55	50

図－1に示す直結式給水による戸建て住宅で、口径決定に必要となる全所要水頭として、適当なものはどれか。

ただし、計画使用水量は同時使用率を考慮して**表－1**により算出するものとし、器具の損失水頭は器具ごとの使用水量において**表－2**により、給水管の動水勾配は**表－3**によるものとする。なお、管の曲がり、分岐による損失水頭は考慮しないものとする。

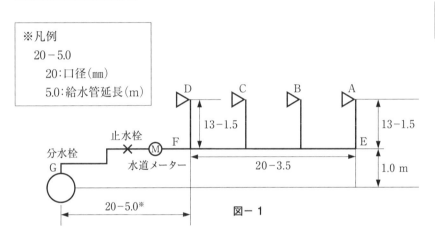

図－1

(1) 8.7 m

(2) 9.7 m

(3) 10.7 m

(4) 11.7 m

(5) 12.7 m

表－1 計画使用水量

給水用具名	同時使用の有無	計画使用水量（L/分）
A 台所流し	使用	12
B 洗面器	－	8
C 大便器	－	12
D 浴槽	使用	20

表－2 器具の損失水頭

給水用具等	損失水頭（m）
給水栓A（台所流し）	0.8
給水栓D（浴槽）	2.1
水道メーター	1.5
止水栓	1.3
分水栓	0.5

表－3 給水管の動水勾配

口径 流量（L/分）	13 mm （‰）	20 mm （‰）
12	200	40
20	600	80
32	1300	180

給水装置計画論

問題 35

受水槽式による総戸数 50 戸（2LDK が 20 戸、3LDK が 30 戸）の集合住宅 1 棟の標準的な受水槽容量の範囲として、次のうち、最も適当なものはどれか。

ただし、2LDK 1 戸当たりの居住人員は 2.5 人、3LDK 1 戸当たりの居住人員は 3 人とし、1 人 1 日当たりの使用水量は 250 L とする。

(1) 14 ㎥～ 21 ㎥
(2) 17 ㎥～ 24 ㎥
(3) 20 ㎥～ 27 ㎥
(4) 23 ㎥～ 30 ㎥
(5) 26 ㎥～ 33 ㎥

給 水 装 置 工 事 事 務 論

問題　36

　　指定給水装置工事事業者（以下、本問においては「指定事業者」という。）及び給水装置工事主任技術者（以下、本問においては「主任技術者」という。）に関する次の記述のうち、**適当なものはどれか**。

(1)　指定事業者は、厚生労働省令で定める給水装置工事の事業の運営に関する基準に従い適正な給水装置工事の事業の運営に努めなければならない。

(2)　主任技術者は、指定事業者の事業活動の本拠である事業所ごとに選任され、個別の給水装置工事ごとに水道事業者から指名されて、調査、計画、施工、検査の一連の給水装置工事業務の技術上の管理を行う。

(3)　指定事業者から選任された主任技術者は、水道法の定めにより給水装置工事に従事する者の技術力向上のために、研修の機会を確保することが義務付けられている。

(4)　指定事業者及び主任技術者は、水道法に違反した場合、厚生労働大臣から指定の取り消しや主任技術者免状の返納を命じられることがある。

2023

給水装置工事事務論

問題 37

給水装置工事の記録及び保存に関する次の記述の正誤の組み合わせのうち、**適当なもの**はどれか。

ア　給水装置工事主任技術者は、施主の氏名又は名称、施行場所、完了年月日、給水装置工事主任技術者の氏名、竣工図、使用した材料に関する事項、給水装置の構造材質基準への適合性確認の方法及びその結果についての記録を作成し、保存しなければならない。

イ　指定給水装置工事事業者は、給水装置工事の施行を申請したとき用いた申請書に記録として残すべき事項が記載されていれば、その写しを記録として保存してもよい。

ウ　給水装置工事主任技術者は、単独水栓の取り替えなど給水装置の軽微な変更であっても、給水装置工事の記録を作成し、保存しなければならない。

エ　指定給水装置工事事業者は、水道法に基づき施主に給水装置工事の記録の写しを提出しなければならない。

	ア	イ	ウ	エ
(1)	誤	正	誤	正
(2)	正	正	誤	誤
(3)	誤	誤	正	正
(4)	正	誤	正	誤

問題 38

建築基準法に基づき建築物に設ける飲料水の配管設備に関する次の記述のうち、**不適当なものはどれか**。

(1) 給水立て主管からの各階への分岐管等主要な分岐管には、分岐点に近接した部分で、かつ、操作を容易に行うことができる部分に安全弁を設けること。

(2) ウォーターハンマーが生ずるおそれがある場合においては、エアチャンバーを設けるなど有効なウォーターハンマー防止のための措置を講ずること。

2023

(3) 給水タンク内部に飲料水の配管設備以外の配管設備を設けないこと。

(4) 給水タンクの上にポンプ、ボイラー、空気調和機等の機器を設ける場合は、飲料水を汚染することのないように衛生上必要な措置を講ずること。

問題 39

給水装置の構造及び材質の基準に係る認証制度に関する次の記述の正誤の組み合わせのうち、**適当なもの**はどれか。

ア　自己認証は、給水管、給水用具の製造業者等が自ら又は製品試験機関等に委託して得たデータや作成した資料等に基づき、性能基準適合品であることを証明するものである。

イ　自己認証において各製品は、設計段階で基準省令に定める性能基準に適合していることを証明することで、認証品として使用できる。

ウ　第三者認証は、中立的な第三者機関が製品や工場検査等を行い、基準に適合しているものについては基準適合品として登録して認証製品であることを示すマークの表示を認める方法である。

エ　日本産業規格（JIS 規格）に適合している製品及び日本水道協会による団体規格等の検査合格品は、全て性能基準適合品である。

	ア	イ	ウ	エ
(1)	正	正	誤	誤
(2)	誤	正	正	誤
(3)	誤	正	誤	正
(4)	正	誤	正	誤
(5)	正	誤	誤	正

問題 40
　給水装置用材料の基準適合品に関する次の記述の正誤の組み合わせのうち、**適当なものはどれか。**

ア　給水装置用材料が使用可能か否かは、基準省令に適合しているか否かであり、この判断のために製品等に表示している適合マークがある。

イ　厚生労働省では、製品ごとのシステム基準への適合性に関する情報を全国で利用できるよう、給水装置データベースを構築している。

ウ　厚生労働省の給水装置データベースに掲載されている情報は、製造者等の自主情報に基づくものであり、その内容は情報提供者が一切の責任を負う。

エ　厚生労働省の給水装置データベースの他に、第三者認証機関のホームページにおいても情報提供サービスが行われている。

	ア	イ	ウ	エ
(1)	誤	正	誤	正
(2)	誤	誤	正	正
(3)	正	誤	正	誤
(4)	正	正	誤	誤

■ 学科試験 2　へ→

問題 41

　ライニング鋼管に関する次の記述の正誤の組み合わせのうち、<u>適当なもの</u>は<u>どれか</u>。

ア　ライニング鋼管は、管の内面、あるいは管の内外面に硬質ポリ塩化ビニルやポリエチレン等のライニングを施し、強度に対してはライニングが、耐食性等については鋼管が分担できるようにしたものである。

イ　硬質塩化ビニルライニング鋼管は、屋内配管には SGP-VA、屋内配管及び屋外露出配管には SGP-VB、地中埋設配管及び屋外露出配管には SGP-VD が使用されることが一般的である。

ウ　管端防食形継手は、硬質塩化ビニルライニング鋼管用、ポリエチレン粉体ライニング鋼管用としてそれぞれ別に規格化されている。

エ　管端防食形継手には、内面を樹脂被覆したものと、内外面とも樹脂被覆したものがある。外面被覆管を地中埋設する場合は、外面被覆等の耐食性を配慮した継手を使用する。

	ア	イ	ウ	エ
(1)	誤	正	正	誤
(2)	正	誤	正	誤
(3)	誤	正	誤	正
(4)	正	誤	誤	正

問題　42

合成樹脂管に関する次の記述のうち、**不適当なものはどれか。**

(1)　ポリブテン管は、高温時でも高い強度を持ち、しかも金属管に起こりやすい腐食もないので温水用配管に適している。

(2)　水道用ポリエチレン二層管は、低温での耐衝撃性に優れ、耐寒性があることから寒冷地の配管に多く使われている。

(3)　架橋ポリエチレン管は、耐熱性、耐寒性及び耐食性に優れ、軽量で柔軟性に富んでおり、管内にスケールが付きにくく、流体抵抗が小さい等の特徴を備えている。

(4)　硬質ポリ塩化ビニル管は、耐食性、特に耐電食性に優れるが、他の樹脂管に比べると引張降伏強さが小さい。

給 水 装 置 の 概 要

問題　43

塩化ビニル管に関する次の記述の正誤の組み合わせのうち、適当なものはどれか。

ア　硬質ポリ塩化ビニル管用継手は、硬質ポリ塩化ビニル製及びダクタイル鋳鉄製のものがある。また、接合方法は、接着剤によるＴＳ接合とゴム輪によるＲＲ接合がある。

イ　耐衝撃性硬質ポリ塩化ビニル管は、硬質ポリ塩化ビニル管の耐衝撃強度を高めるように改良されたものであり、長期間、直射日光に当たっても耐衝撃強度が低下することはない。

ウ　耐熱性硬質ポリ塩化ビニル管は、金属管と比べ温度による伸縮量が大きいため、配管方法によってその伸縮を吸収する必要がある。

エ　耐熱性硬質ポリ塩化ビニル管は、硬質ポリ塩化ビニル管を耐熱用に改良したものであり、瞬間湯沸器用の配管に適している。

	ア	イ	ウ	エ
(1)	正	誤	誤	正
(2)	正	誤	正	誤
(3)	誤	正	正	誤
(4)	誤	正	誤	正

銅管に関する次の記述のうち、**不適当なもの**はどれか。

⑴　引張強度に優れ、材質により硬質・軟質の２種類があり、軟質銅管は４〜５回の凍結では破裂しない。

⑵　耐食性に優れるため薄肉化しているので、軽量で取扱いが容易である。

2023

⑶　アルカリに侵されず、スケールの発生も少なく、遊離炭酸が多い水に適している。

⑷　外傷防止と土壌腐食防止を考慮した被膜管があり、配管現場では、管の保管、運搬に際して凹み等をつけないよう注意する必要がある。

給水装置の概要

問題 45

給水用具に関する次の記述の正誤の組み合わせのうち、適当なものはどれか。

ア 冷水機（ウォータークーラー）は、冷却タンクで給水管路内の水を任意の一定温度に冷却し、押ボタン式又は足踏式の開閉弁を操作して、冷水を射出する給水用具である。

イ 瞬間湯沸器は、器内の熱交換器で熱交換を行うもので、水が熱交換器を通過する間にガスバーナ等で加熱する構造である。

ウ 貯湯湯沸器は、給水管に直結し有圧のまま給水管路内に貯えた水を加熱する構造の湯沸器で、湯温に連動して自動的に燃料通路を開閉あるいは電源を入り切り（ON／OFF）する機能を持っている。

エ 自然冷媒ヒートポンプ給湯機は、熱源に太陽光を利用しているため、消費電力が少ない湯沸器である。

	ア	イ	ウ	エ
(1)	正	誤	誤	正
(2)	正	正	誤	誤
(3)	誤	正	誤	正
(4)	誤	正	正	誤

問題　46

　直結加圧形ポンプユニットに求められる性能に関する次の記述のうち、**不適当なものはどれか。**

⑴　始動・停止による配水管の圧力変動が極小であり、ポンプ運転による配水管の圧力に脈動がないこと。

⑵　吸込側の水圧が異常低下した場合には自動停止し、水圧が復帰した場合には自動復帰すること。

⑶　使用水量が多い場合に自動停止すること。

⑷　圧力タンクは、ポンプが停止した後も、吐出圧力、吸込圧力及び自動停止の性能を満足し、吐出圧力が保持できる場合は設置しなくてもよい。

給 水 装 置 の 概 要

問題　47

　　給水用具に関する次の記述の 　　　 内に入る語句の組み合わせのうち、**適当なものはどれか**。

① 甲形止水栓は、止水部が落しこま構造であり、損失水頭は ア 。

② ボール止水栓は、弁体が球状のため 90°回転で全開・全閉することのできる構造であり、損失水頭は イ 。

③ 仕切弁は、弁体が鉛直方向に上下し、全開・全閉する構造であり、全開時の損失水頭は ウ 。

④ 玉形弁は、止水部が吊りこま構造であり、弁部の構造から流れが S字形となるため、損失水頭は エ 。

	ア	イ	ウ	エ
(1)	小さい	大きい	小さい	小さい
(2)	大きい	大きい	小さい	小さい
(3)	小さい	大きい	大きい	大きい
(4)	大きい	小さい	小さい	大きい
(5)	大きい	小さい	大きい	小さい

問題　48
　給水用具に関する次の記述の正誤の組み合わせのうち、**適当なものはどれか。**

ア　サーモスタット式の混合水栓は、流水抵抗によってこまパッキンが摩耗するので、定期的なこまパッキンの交換が必要である。

イ　シングルレバー式の混合水栓は、シングルカートリッジを内蔵し、吐水・止水、吐水量の調整、吐水温度の調整ができる。

ウ　不凍給水栓は、外とう管が揚水管（立上り管）を兼ね、閉止時に揚水管（立上り管）及び地上配管内の水を排水できる構造を持つ。

エ　不凍水抜栓は、排水口が凍結深度より浅くなるよう埋設深さを考慮する。

	ア	イ	ウ	エ
(1)	誤	正	正	誤
(2)	正	誤	誤	正
(3)	正	正	誤	誤
(4)	誤	誤	正	誤
(5)	誤	正	誤	正

給水装置の概要

問題 49

給水用具に関する次の記述のうち、**不適当なもの**はどれか。

(1) 逆止弁は、逆圧による水の逆流を防止する給水用具であり、ばね式、リフト式等がある。

(2) 定流量弁は、オリフィス式、ニードル式、ばね式等による流量調整機構によって、一次側の圧力に関わらず流量が一定になるよう調整する給水用具である。

(3) 減圧弁は、設置した給水管や貯湯湯沸器等の水圧が設定圧力よりも上昇すると、給水管路及び給水用具を保護するために弁体が自動的に開いて過剰圧力を逃し、圧力が所定の値に降下すると閉じる機能を持っている。

(4) 吸排気弁は、給水立て管頂部に設置され、管内に負圧が生じた場合に自動的に多量の空気を吸気して給水管内の負圧を解消する機能を持った給水用具である。

問題 50

水道メーターに関する次の記述の正誤の組み合わせのうち、適当なものはどれか。

ア　水道メーターは、需要者が使用する水量を積算計量する計量器であり、水道法に定める特定計量器の検定に合格したものを設置しなければならない。

イ　水道メーターは、許容流量範囲を超えて水を流すと、正しい計量ができなくなるおそれがあるため、水道メーターの呼び径を決定する際には、適正使用流量範囲、瞬時使用の許容流量等に十分留意する必要がある。

ウ　水道メーターの計量方法は、流れている水の流速を測定して流量に換算する流速式（推測式）と、水の体積を測定する容積式（実測式）に分類され、我が国で使用されている水道メーターは、ほとんどが容積式である。

エ　水道メーターの遠隔指示装置は、設置した水道メーターの表示水量を水道メーターから離れた場所で能率よく検針するために設けるものであり、発信装置（又は記憶装置）、信号伝送部（ケーブル）及び受信器から構成される。

	ア	イ	ウ	エ
(1)	正	誤	誤	正
(2)	誤	正	正	誤
(3)	正	誤	正	誤
(4)	誤	誤	正	正
(5)	誤	正	誤	正

給 水 装 置 の 概 要

問題 51

水道メーターに関する次の記述のうち、**不適当なものはどれか**。

(1) 水道メーターは、各水道事業者により、使用する形式が異なるため、設計に当たっては、あらかじめ確認する必要がある。

(2) 接線流羽根車式水道メーターは、計量室内に設置された羽根車にノズルから接線方向に噴射水流を当て、羽根車を回転させて通過水量を積算表示する構造である。

(3) 軸流羽根車式水道メーターは、管状の器内に設置された流れに垂直な軸をもつ螺旋状の羽根車を回転させて、積算計量する構造である。

(4) 電磁式水道メーターは、給水管と同じ呼び径の直管で機械的可動部がないため耐久性に優れ、小流量から大流量まで広範囲な計測に適している。

問題 52

給水用具の故障と対策に関する次の記述のうち、**不適当なものはどれか**。

(1) 受水槽のボールタップからの補給水が止まらないので原因を調査した。その結果、ボールタップの弁座が損傷していたので、ボールタップのパッキンを取替えた。

(2) 大便器洗浄弁から常に大量の水が流出していたので原因を調査した。その結果、ピストンバルブの小孔が詰まっていたので、ピストンバルブを取り外して小孔を掃除した。

(3) 副弁付定水位弁から水が出ないので原因を調査した。その結果、ストレーナに異物が詰まっていたので、分解して清掃した。

(4) 水栓を開閉する際にウォーターハンマーが発生するので原因を調査した。その結果、水圧が高いことが原因であったので減圧弁を設置した。

問題 53

給水用具の故障の原因に関する次の記述のうち、**不適当なものはどれか。**

(1) ピストン式定水位弁から水が出ない場合、ピストンのOリングが摩耗して作動しないことが一因と考えられる。

(2) ボールタップ付ロータンクに水が流入せず貯まらない場合、ストレーナーに異物が詰まっていることが一因と考えられる。

(3) 小便器洗浄弁から多量の水が流れ放しとなる場合、開閉ねじの開け過ぎが一因と考えられる。

(4) 大便器洗浄弁の吐水量が少ない場合、ピストンバルブのUパッキンが摩耗していることが一因と考えられる。

(5) ダイヤフラム式ボールタップ付ロータンクが故障し、水が出ない場合、ボールタップのダイヤフラムの破損が一因と考えられる。

給水装置施工管理法

問題 54

給水装置工事の工程管理に関する次の記述の 内に入る語句の組み合わせのうち、**適当なもの**はどれか。

工程管理は、 ア に定めた工期内に工事を完了するため、事前準備の イ や水道事業者、建設業者、道路管理者、警察署等との調整に基づき工程管理計画を作成し、これに沿って、効率的かつ経済的に工事を進めて行くことである。
工程管理するための工程表には、 ウ 、ネットワーク等がある。

	ア	イ	ウ
(1)	工事標準仕様書	現地調査	出来形管理表
(2)	工事標準仕様書	材料手配	バーチャート
(3)	契約書	現地調査	出来形管理表
(4)	契約書	現地調査	バーチャート
(5)	契約書	材料手配	出来形管理表

問題 55

給水装置工事施工における品質管理項目に関する次の記述のうち、**不適当なもの**はどれか。

(1) 給水管及び給水用具が給水装置の構造及び材質の基準に関する省令の性能基準に適合したもので、かつ検査等により品質確認がされたものを使用する。

(2) サドル付分水栓の取付けボルト、給水管及び給水用具の継手等で締付けトルクが設定されているものは、その締付け状況を確認する。

(3) 配水管への取付口の位置は、他の給水装置の取付口と 30 cm以上の離隔を保つ。

(4) サドル付分水栓を取付ける管が鋳鉄管の場合、穿孔断面の腐食を防止する防食コアを装着する。

(5) 施工した給水装置の耐久試験を実施する。

問題 56

給水装置工事の工程管理に関する次の記述の 内に入る語句の組み合わせのうち、適当なものはどれか。

工程管理は、一般的に計画、実施、 ア に大別することができる。計画の段階では、給水管の切断、加工、接合、給水用具据え付けの順序と方法、建築工事との日程調整、機械器具及び工事用材料の手配、技術者や配管技能者を含む イ を手配し準備する。工事は ウ の指導監督のもとで実施する。

	ア	イ	ウ
(1)	管理	作業従事者	給水装置工事主任技術者
(2)	検査	作業従事者	技能を有する者
(3)	管理	作業主任者	給水装置工事主任技術者
(4)	検査	作業主任者	給水装置工事主任技術者
(5)	管理	作業主任者	技能を有する者

給水装置施工管理法

問題 57

給水装置工事の施工管理に関する次の記述のうち、**不適当なものはどれか**。

(1) 施工計画書には、現地調査、水道事業者等との協議に基づき作業の責任を明確にした施工体制、有資格者名簿、施工方法、品質管理項目及び方法、安全対策、緊急時の連絡体制と電話番号、実施工程表等を記載する。

(2) 施工に当たっては、施工計画書に基づき適正な施工管理を行う。具体的には、施工計画に基づく工程、作業時間、作業手順、交通規制等に沿って工事を施行し、必要の都度工事目的物の品質確認を実施する。

(3) 常に工事の進捗状況について把握し、施工計画時に作成した工程表と実績とを比較して工事の円滑な進行を図る。

(4) 配水管からの分岐以降水道メーターまでの工事は、道路上での工事を伴うことから、施工計画書を作成して適切に管理を行う必要があるが、水道メーター以降の工事は、宅地内での工事であることから、その限りではない。

(5) 施工計画書に品質管理項目と管理方法、管理担当者を定め品質管理を実施するとともに、その結果を記録にとどめる他、実施状況を写真撮影し、工事記録としてとどめておく。

問題 58

給水装置工事における埋設物の安全管理に関する次の記述の正誤の組み合わせのうち、適当なものはどれか。

ア　工事の施行に当たっては、地下埋設物の有無を十分に調査するとともに、近接する埋設物がある場合は、道路管理者に立会いを求めその位置を確認し、埋設物に損傷を与えないよう注意する。

イ　工事の施行に当たって掘削部分に各種埋設物が露出する場合には、防護協定などを遵守して措置し、当該埋設物管理者と協議の上で適切な表示を行う。

ウ　工事中、予期せぬ地下埋設物が見つかり、その管理者がわからない場合は、安易に不明埋設物として処理するのではなく、関係機関に問い合わせるなど十分な調査を経て対応する。

エ　工事中、火気に弱い埋設物又は可燃性物質の輸送管等の埋設物に接近する場合は、溶接機、切断機等火気を伴う機械器具を使用しない。ただし、やむを得ない場合は、所管消防署と協議し、保安上必要な措置を講じてから使用する。

	ア	イ	ウ	エ
(1)	誤	正	誤	正
(2)	正	誤	正	誤
(3)	誤	誤	正	正
(4)	正	正	誤	正
(5)	誤	正	正	誤

給水装置施工管理法

問題 59

次のア～エの記述のうち、建設工事公衆災害に該当する組み合わせとして、**適当なものはどれか。**

ア 水道管を毀損したため、断水した。

イ 交通整理員が交通事故に巻き込まれ、死亡した。

ウ 作業員が掘削溝に転落し、負傷した。

エ 工事現場の仮舗装が陥没し、そこを通行した自転車が転倒して、運転者が負傷した。

(1) アとエ
(2) イとエ
(3) イとウ
(4) アとウ
(5) ウとエ

問題 60

建設工事公衆災害防止対策要綱に関する次の記述のうち、**不適当なものはどれか。**

(1) 施工者は、歩行者通路とそれに接する車両の交通の用に供する部分との境及び歩行者用通路との境は、必要に応じて移動さくを間隔をあけないようにし、又は移動さくの間に安全ロープ等を張ってすき間のないよう措置しなければならない。

(2) 施工者は、道路上において又は道路に接して土木工事を夜間施行する場合には、道路上又は道路に接する部分に設置したさく等に沿って、高さ1m程度のもので夜間150m前方から視認できる光度を有する保安灯を設置しなければならない。

(3) 施工者は、工事を予告する道路標識、標示板等を、工事箇所の前方50mから500mの間の路側又は中央帯のうち視認しやすい箇所に設置しなければならない。

(4) 施工者は、道路を掘削した箇所を埋め戻したのち、仮舗装を行う際にやむをえない理由で段差が生じた場合は、10%以内の勾配ですりつけなければならない。

(5) 施工者は、歩行者用通路には、必要な標識等を掲げ、夜間には、適切な照明等を設けなければならない。また、歩行に危険のないよう段差や路面の凹凸をなくすとともに、滑りにくい状態を保ち、必要に応じてスロープ、手すり及び視覚障害者誘導用ブロック等を設けなければならない。

2023 ■ 正答番号一覧

本書に掲載した試験問題及び正答については公益財団法人 給水工事技術振興財団の転載許可を得ておりますが，書籍のそれ以外の内容について同財団は関与しておりません．

Ⓒ給水装置試験問題研究会 2024

2024年版 給水装置工事主任技術者試験 厳選過去問題集

2024年 1月 29日　　　第1版第1刷発行

編　者　給水装置試験問題研究会

発 行 者　田　　中　　　　聡

発　行　所

株式会社　電 気 書 院

ホームページ　www.denkishoin.co.jp

（振替口座　00190-5-18837）

〒101-0051　東京都千代田区神田神保町1-3 ミヤタビル2F

電話（03）5259-9160／FAX（03）5259-9162

印刷　中央精版印刷株式会社

Printed in Japan／ISBN978-4-485-22162-4

• 落丁・乱丁の際は，送料弊社負担にてお取り替えいたします．

［本書の正誤に関するお問い合せ方法は，最終ページをご覧ください］

書籍の正誤について

万一，内容に誤りと思われる箇所がございましたら，以下の方法でご確認いただきますようお願いいたします.

なお，正誤のお問合せ以外の書籍の内容に関する解説や受験指導などは**行っておりません**.
このようなお問合せにつきましては，お答えいたしかねますので，予めご了承ください.

正誤表の確認方法

最新の正誤表は，弊社Webページに掲載しております. 書籍検索で「正誤表あり」や「キーワード検索」などを用いて，書籍詳細ページをご覧ください.
正誤表があるものに関しましては，書影の下の方に正誤表をダウンロードできるリンクが表示されます. 表示されないものに関しましては，正誤表がございません.

弊社Webページアドレス
https://www.denkishoin.co.jp/

正誤のお問合せ方法

正誤表がない場合，あるいは当該箇所が掲載されていない場合は，書名，版刷，発行年月日，お客様のお名前，ご連絡先を明記の上，具体的な記載場所とお問合せの内容を添えて，下記のいずれかの方法でお問合せください.
回答まで，時間がかかる場合もございますので，予めご了承ください.

郵便で問い合わせる	郵送先	〒101-0051 東京都千代田区神田神保町1-3 ミヤタビル2F ㈱電気書院 編集部 正誤問合せ係
FAXで問い合わせる	ファクス番号	**03-5259-9162**
ネットで問い合わせる	弊社Webページ右上の「**お問い合わせ**」から **https://www.denkishoin.co.jp/**

お電話でのお問合せは，承れません

（2022年5月現在）